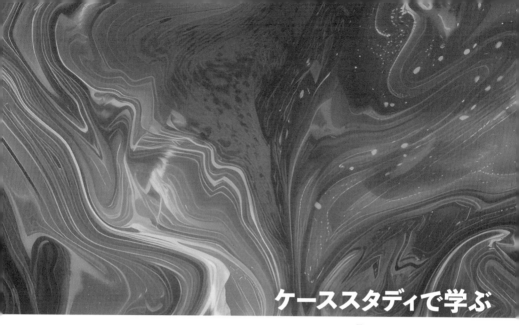

ケーススタディで学ぶ

環境規制と法的リスクへの対応

猿倉健司［著］
Kenji Sarukura

第一法規

ケーススタディで学ぶ
環境規制と法的リスクへの対応

序章　はじめに

Ⅰ　近時の環境法規制の特殊性……………………………………………2
Ⅱ　本書の趣旨…………………………………………………………………6

第1章　リスクが生じる場面とそれによる負担

Ⅰ　環境分野の規制違反によるリスクの概要……………………………8
　1　環境分野の規制違反により企業が受けるリスク　8
　　COLUMN 1 ― 不動産売買・M&Aによる不動産取引による汚染責任の
　　　　　　　　承継　12
　2　環境法規制違反により役員個人が受けるリスク　13

Ⅱ　行政対応・規制対応の負担と実務上のリスク……………………15
　1　国の法令と異なる各自治体の条例　15
　2　法令・条例の新規制定と頻繁な改正への対応　21
　3　環境行政の判断の裁量の広範さと予測困難性　24
　　COLUMN 2 ― 新規ビジネスにおける行政による許認可・登録の要否　28
　4　環境法違反発覚時の行政報告・広報のリスクと留意点　29
　5　周辺住民との関係とリスクコミュニケーション　34

Ⅲ　不動産売買・M&Aによる不動産の取得に係る紛争リスク………40
　1　自社工場から汚染が拡散し、周辺地所有者らとの間で紛争となるケース　40
　2　不動産売買・M&A後に土壌汚染・廃棄物が発覚し、紛争となるケース　44
　3　取得した土地から規制対象物質による土壌汚染が発覚するケース　47

4 取得した土地・建物から規制対象外の物質等による土壌汚染が
発覚するケース　50
　　COLUMN 3―PFAS について　54
5 取得した土地から地中障害物・油汚染が発覚するケース　56

Ⅳ　事業用不動産の賃借に係る紛争リスク･････････････････････････60
1 賃借建物の賃借人・利用者に健康被害が生じるケース　60
2 賃借地の返還後に地下埋設物が発見されるケース　62
3 賃借地の返還時に地中杭・地下工作物を残置するケース　65

第2章　事業の各場面における環境法規制のポイントとリスク

Ⅰ　新たに事業所・工場を設置する場面における
　　ポイントとリスク･･72
1 大規模施設の設置時に環境アセスメントが必要となるケース
（環境アセスメント法）72
2 環境保全のために工場立地に面積規制がかかるケース（工場立地法）79
3 特定施設の設置、規制地域の開発に届出等が必要となるケース　81

Ⅱ　工場等の操業中に環境汚染等が問題となる場面における
　　ポイントとリスク･･86
1 公害負担の大きな施設を設置するケース（公害防止管理者法）86
2 ばい煙、粉じん等の飛散防止に関する規制（大防法）89
3 工場からばい煙等が飛散するケース（大防法）89
4 工場操業や建築解体工事でアスベスト等の粉じん等が飛散するケース
（大防法）94
　　COLUMN 4―各種法令等によるアスベスト規制　96
5 条例によりばい煙、粉じん等の規制が求められるケース（大防法）100
6 公共用水域に汚染水を排出するケース、地下に浸透し拡散するケース

（水濁法）103
　7　下水道を使用して工場から排水するケース（下水道法）108
　8　敷地内の土壌汚染に関する規制（土対法）111
　9　敷地内に新たな工場建設のために広範囲の土壌を掘削するケース
　　　（土対法）112
　　　COLUMN 5―土壌汚染調査・報告義務を負う対象者　114
　10　敷地内から土壌汚染が確認されるケース（土対法）118
　11　工場から悪臭が発生するケース（悪臭防止法）122
　12　操業時の騒音が大きくなるケース（騒音規制法）126
　13　操業時の振動が大きくなるケース（振動規制法）131

Ⅲ　各種の危険から従業員を守るための規制における
　　ポイントとリスク………………………………………………………137
　1　事業場でボイラー・機械・化学物質等を使用するケース（労安衛法）137
　2　危険物貯蔵施設を所有・管理するケース（消防法）145
　3　高圧ガスを取扱うケース（高圧ガス保安法）150

Ⅳ　商品の製造等に化学物質を使用・保管等する場面における
　　ポイントとリスク………………………………………………………155
　1　化学物質の製造・輸入における審査・届出等に関する規制（化審法）155
　2　既存化学物質を製造・輸入するケース（化審法）157
　　　COLUMN 6―海外（EU）における主な化学物質規制　160
　3　新規化学物質を製造・輸入するケース（化審法）162
　4　化学物質の排出量・移動量の届出に関する規制（化管法）166
　5　化学物質の排出量・移動量の届出が必要となるケース（化管法）168
　6　化学物質の譲渡・提供時に情報提供が求められるケース（化管法）172
　7　毒劇物を取扱い、販売するケース（毒劇法）174

v

Ⅴ エネルギー使用、温室効果ガス等が発生する場面における
　ポイントとリスク······179

1 エネルギー使用量削減の取組が求められるケース（省エネ法）179
2 エネルギー使用量の定期報告等が必要となるケース（省エネ法）183
　COLUMN 7―クラス分け制度　185
3 温室効果ガス排出量の定期報告が必要となるケース（温対法）188
4 条例により温室効果ガス排出量の削減・報告を求められるケース
　（東京都環境確保条例）193
5 製品からのフロン類の漏出に関する規制（フロン排出抑制法）198
6 フロン類漏えい量の定期報告が必要となるケース（フロン排出抑制法）203

Ⅵ 産業廃棄物を処理・リサイクルする場面における
　ポイントとリスク······206

1 事業活動により生じる廃棄物についての規制（廃掃法）206
2 産業廃棄物の運搬・処理を許可業者に委託するケース（廃掃法）207
　COLUMN 8―グループ会社での廃棄物の一括処理・委託　211
3 製造過程で発生した副産物を他の製品の原材料に再利用するケース
　（廃掃法）213
4 自社で発生した産業廃棄物を敷地内で保管するケース（廃掃法）218
5 多量の産業廃棄物処理等の定期報告が求められるケース（廃掃法）220
6 PCB含有製品（コンデンサ等）を使用しているケース
　（PCB特別措置法）222
7 特定プラスチック使用製品の提供・排出等の合理化についての規制
　（プラスチック資源循環法）228
　COLUMN 9―プラスチック資源循環法成立の背景　229
8 プラスチック使用製品の販売・提供段階で合理化措置・取組結果の公表が
　求められるケース（プラスチック資源循環法）231
9 プラスチック使用製品の排出・リサイクル段階で合理化措置・取組結果の
　公表が求められるケース（プラスチック資源循環法）235

10 食品廃棄物等の発生抑制・再生利用・減量の実施、廃棄物発生量の報告が求められるケース（食品リサイクル法） 239

COLUMN 10 ― 登録再生利用事業者・再生利用事業計画認定制度 242

11 容器包装廃棄物の使用合理化・再生利用、使用量の報告が求められるケース（容器包装リサイクル法） 244

COLUMN 11 ― 東京都における廃掃法の運用の合理化 248

Ⅶ SDGs・ESGへの取組として温室効果ガス削減を行う場面におけるポイントとリスク……………………………………………………………251

1 SDGs・ESGへの取組と独禁法 251
2 温室効果ガス削減を目的として取引を拒絶するケース 252
3 温室効果ガス削減を目的として流通先を制限するケース 256
4 温室効果ガス削減を目的として商品仕様の変更、価格据え置きをするケース 258
5 温室効果ガス削減を目的として自主基準を厳格に運用するケース 260

Ⅷ 事業所・工場を廃止する場面におけるポイントとリスク…………263
1 工場の閉鎖・廃止時に届出その他の手続きが必要となるケース 263

第3章 環境汚染・規制違反予防のための要点

Ⅰ 環境汚染・規制違反を予防する必要性………………………………266
Ⅱ 社内マニュアル・ガイドラインの見直し……………………………267
Ⅲ ISO14001等を活用した法令遵守体制の見直し……………………272
Ⅳ 不正早期発見のための内部通報制度の見直し………………………274

著者紹介 279

■本書における主な法令と略称（50音順）

※本書の内容は、令和6年8月1日時点のものです。

名称	略称
石綿障害予防規則	石綿則
エネルギーの使用の合理化及び非化石エネルギーへの転換等に関する法律	省エネ法
化学物質の審査及び製造等の規制に関する法律	化審法
環境影響評価法	環境アセスメント法
急傾斜地の崩壊による災害の防止に関する法律	急傾斜地法
国等による環境物品等の調達の推進等に関する法律	グリーン購入法
建設工事に係る資材の再資源化等に関する法律	建設リサイクル法
建築物のエネルギー消費性能の向上等に関する法律	建築物省エネ法
建築物用地下水の採取の規制に関する法律	ビル用水法
湖沼水質保全特別措置法	湖沼法
再生可能エネルギー電気の利用の促進に関する特別措置法	再エネ特措法
資源の有効な利用の促進に関する法律	資源有効利用促進法
私的独占の禁止及び公正取引の確保に関する法律	独禁法
自動車から排出される窒素酸化物及び粒子状物質の特定地域における総量の削減等に関する特別措置法	自動車NOx・PM法
循環型社会形成推進基本法	循環基本法
使用済自動車の再資源化等に関する法律	自動車リサイクル法
食品循環資源の再生利用等の促進に関する法律	食品リサイクル法
水銀による環境の汚染の防止に関する法律	水銀環境汚染防止法
水質汚濁防止法	水濁法
大気汚染防止法	大防法
宅地造成及び特定盛土等規制法	宅造法
地球温暖化対策の推進に関する法律	温対法
特定化学物質の環境への排出量の把握等及び管理の改善の促進に関する法律	化管法
特定家庭用機器再商品化法	家電リサイクル法
特定工場における公害防止組織の整備に関する法律	公害防止管理者法
特定物質等の規制等によるオゾン層の保護に関する法律	オゾン層保護法
特定有害廃棄物等の輸出入等の規制に関する法律	バーゼル法
毒物及び劇物取締法	毒劇法

凡例

土壌汚染対策法	土対法
廃棄物の処理及び清掃に関する法律	廃掃法
不当景品類及び不当表示防止法	景品表示法
プラスチックに係る資源循環の促進等に関する法律	プラスチック資源循環法
フロン類の使用の合理化及び管理の適正化に関する法律	フロン排出抑制法
平成二十三年三月十一日に発生した東北地方太平洋沖地震に伴う原子力発電所の事故により放出された放射性物質による環境の汚染への対処に関する特別措置法	放射性物質汚染対処特措法
ポリ塩化ビフェニル廃棄物の適正な処理の推進に関する特別措置法	PCB特別措置法
容器包装に係る分別収集及び再商品化の促進等に関する法律	容器包装リサイクル法
労働安全衛生法	労安衛法

序章

はじめに

I 近時の環境法規制の特殊性

1 環境法違反はもはや他人事ではない

　著者は、平成19年以降、日本では専門家が少ない環境法という分野で、弁護士としての活動を行ってきました。具体的には、数多くの環境汚染（土壌汚染や地下水汚染）や廃棄物汚染、地盤不良等に起因する紛争案件や、環境汚染・環境法規制違反による行政処分・刑事手続への対応、またこれらのリスクを予防するための社内体制の整備・見直し、リサイクルビジネスのスキーム構築およびそのための行政折衝等を行ってきました。今も引き続き、並行して数多くの依頼や相談を受けています。

　著者は、数多くの経験の中で、環境法規制についてのリスクは、全国各地で数多く存在しており、かつそれが致命的であるにもかかわらず、大きなリスクとして認識されていないことに危惧を抱いてきました。

　東京都の豊洲市場で発見された高濃度の土壌汚染に関するトラブルや、建物内のアスベストやダイオキシン類による健康被害が大きく報道されて以降、環境汚染・廃棄物によるリスクについて注目されるようになってきましたが、実はこのようなリスクは以前から存在しており、それが顕在化してこなかった、または、大きなリスクとして認識されてこなかったにすぎません。

　廃棄物処理や土壌汚染調査、不動産ビジネスを業とする企業でなくても、例えば、メーカーが工場跡地を売却するケース、小売業者が商業店舗用地として土地を購入するケース、自社ビルを取得するケース、また、M&Aの場面においても、買収・出資する企業が不動産を間接的に保有するケースなどでは同様のリスクにさらされます（詳細は第1章参照）。

　近時において、環境汚染や環境法違反による行政処分のリスクは、もはや、まれにしか起こらない対岸のリスクではなく、あらゆる方、あらゆる企業にいつでも降りかかる可能性のある現実的なリスクなのです。

本書は、このような環境汚染や廃棄物によるリスクは、決して"他人事"などではなく、どこにでも存在し、誰にでも降りかかる"現実的なリスク"であるということを認識していただくことを目的としています。

2　極めて多数で頻繁に改正される環境法規制

環境汚染・廃棄物・リサイクル等環境分野には、他の分野と比較しても極めて多数の法令のほか、規則・通知・ガイドライン等が数多くあり、さらに自治体ごとに条例・規則も存在するなど、理解していなければならない規制の内容・範囲が極めて広範でありかつ複雑であるという特徴があります。

そのうえ、このような多数の規制内容は日々目まぐるしく改正・アップデートされていくことから、適時適切にその内容を把握することだけでも、容易ではありません。少し前までは問題がなかった（＝適法であった）行為であっても、ある時点を境に、知らないままに法令違反を犯してしまっているということも少なくないのです。

実際にも、企業や個人（役員や責任者）に対して、行政処分や刑事罰が科された例や、高額な賠償責任が認められた例が数多く見られます（後述第2章参照）。

3　技術的専門性が高く、行政裁量が広い環境法規制

有害化学物質（環境汚染物質）や廃棄物等の特性や調査・対策の方法は高度に専門的・技術的事項を多分に含むため、表面的な法律論に基づく理解では必ずしも適切に事案を処理することができない場合も多いといえます。例えば、ある場所で発見された汚染が誰のどのような行為によって生じたものなのか、また実際に生じている健康被害がその汚染によるものなのかを立証することは容易ではありません。

このように、環境法は弁護士泣かせの分野といえ、さらに環境汚染に関する専門家（博士、権威ある専門調査機関等）は必ずしも多くはいません。実際、この分野を専門として取り扱う弁護士も非常に少なく、著者も、同業者である弁護士、また行政担当者らから相談を受けることも多くあります。そ

のため、企業としては、専門家に対するコネクションをどれだけ有しているかが重要です。行政処分や捜査機関への対応が必要となる場合や、紛争となった場合には、いち早く権威ある専門家やこの分野に精通した弁護士にアプローチすることが必要不可欠となります。

さらに困難を極める事情としては、環境分野においては、行政の対応が自治体ごとに一様ではなく、行政機関ごとに法令解釈等についての見解が全く異なる場合もあるということがあげられます。ガイドラインや逐条解説等の文献も必ずしも十分でない中で、どのように対応すればいいかわからない事態に陥る例も多く見られます。

そのため、行政への対応について専門家にサポートやセカンド・オピニオンを求める場面も多いといえます。

4 環境汚染や法規制違反によるリスクの大きさ

環境汚染・廃棄物が発覚した場合のリスクは、企業にとって致命的な影響を及ぼすものとなります。最も典型的なリスクとしては、環境汚染等の対策費用の負担や資産価値の減少があげられます。例えば廃棄物を不法投棄したと判断されたケースでは撤去費用が約480億円にも及んだ例もあるほか、東京都の豊洲市場から高濃度の土壌汚染が発見された例では対策費用が約858億円を超え、大阪市の夢洲では、カジノを含む統合型リゾート（IR）予定地の土壌対策費約790億円を市が負担する方針を決めており、万博跡地も含めれば約1,578億円に膨らむ可能性があると報道されています[1]。筆者が担当した事案においても、土壌汚染を理由とする損害賠償等の請求額が約80億円超、50億円となる例があるなど、数十億円単位の損害が生じることは決して珍しいことではありません。

加えて、環境汚染を生じさせた（または拡大させた）ことに対して、企業の社会的評価（レピュテーション）が低下するリスクが生じます。廃掃法等

---

[1] 『夢洲の土壌対策費1,578億円　万博跡地とIR予定地　大阪市試算』（毎日新聞・令和4年2月2日付け朝刊）。

の法令違反を理由に罰金を科され、監督官庁から業務停止処分、課徴金等の行政処分を受け、さらには証券取引所において上場廃止となる場合もあるなど、円滑な事業運営が困難になることも少なくありません。

また、企業のみならず、当該企業の取締役等の役員についても、刑事責任を問われるケースや、株主代表訴訟等によって極めて多額の賠償責任を負うケースも見受けられます。役員個人に対して400億円以上の賠償判決が出された例もあります（後掲第1章参照）。

5　ESG、SDGS に対する意識の高まりと環境法規制

近時、持続可能な経済成長と社会的課題の解決を目指すために重要な概念であるESG（Environmental, Social, Governance）・SDGs（Sustainable Development Goals）は、世界的にも特に注目されているトピックです。

ESGでは、脱炭素、生物多様性、水資源などの環境問題への対応が考慮されます。また、SDGsは、持続可能な開発目標として、17のゴールと169の具体的なターゲットから構成され、気候変動、環境保護などを含む様々な分野をカバーしています。

企業はこれらを考慮した経営判断を行う必要があり、法令遵守だけでなく、社会規範に合致していることが求められます。

例えば、本書で説明するような各環境法規に違反した場合には、企業およびその責任者が刑事罰の対象となるのみならず、役員も善管注意義務違反を問われる可能性がありますが、各規制における努力義務に違反したにすぎない場合や、ESG・SDGsへの取組が各業界の一般的水準から著しく劣る状況を継続した場合にも、同様にその役員が責任を問われる事態も今後起こりうるということです。

法令上の義務の有無にかかわらず、企業の社会的責任として環境に配慮すべきことは、法令上排水基準が規定されていないPFASの排水への配慮が求められたり（COLUMN 3参照）、また、東京都国立市に建設された居住用高層住宅が景観問題を理由に企業が解体を決断するに至ったケースなどにも表れています。

本書の趣旨

　本書においては、紛争の最前線にいる立場として、実例を踏まえて、具体的などのような企業の負担・リスクがあるのか、リスクを回避するためにどのような対応が必要となるのかについて、実感をもっていただけるように実例を数多く用いて具体的に解説することを試みました。
　解説にあたっては、公表されている紛争事例、行政処分・刑事処分実例のほか、可能な範囲で著者が担当・関与した事案もできる限り紹介しています。もっとも、本書で紹介する事例は、あくまで氷山の一角に過ぎず、これ以外にも極めて多数の紛争事例が存在することには注意してください。
　本書が、実務を担当する皆様の一助になれば幸いです。

　なお、これまで実務家弁護士により本書のようなコンセプトで網羅的にまとめられた文献はなかったと理解していますが、長年にわたりこの分野に携わってきた身としてはこのような機会をいただけたことに大変感謝しています。
　本企画をご提案いただき出版までご尽力いただいた第一法規株式会社編集者の伊沢悦子氏にはお礼申し上げるとともに、原稿の確認作業に協力してもらった筆者がパートナーを務める法律事務所所属の各弁護士には感謝の意を示します。

第1章

リスクが生じる場面とそれによる負担

I 環境分野の規制違反によるリスクの概要

1 環境分野の規制違反により企業が受けるリスク

　環境・廃棄物などの環境分野にまつわる国や自治体の規制は多岐にわたり、かつ複雑で、企業からすると非常に把握が困難なものとなっています。ところが、企業にとっては、「"条例に違反した場合のリスクがいかに深刻なものなのか"がわからなければ、真摯に対応することの必要性を感じづらい」というのが実情です。行政処分や賠償責任を実際に負った事案が必ずしも広く報道されているわけではなく、また自社がそのような場面に遭遇するケースが現在までなかったということも、その理由の1つでしょう。

　法令や条例に違反した場合のリスクには、以下のようなものがあります。

> ①行政処分がなされるリスク（行政処分リスク）
> ②刑事責任を問われるリスク（刑事責任リスク）
> ③賠償責任を負うリスク（民事賠償リスク）
> ④企業の信用が低下するリスク（レピュテーションリスク）

　ここでは、 ケース1-1 を題材に、具体的にどのようなリスクが生じる可能性があるのかを説明します。

> **ケース1-1** 大阪地判平成24年6月29日裁判所ウェブサイト（三重・平成17年）
> ● 酸化チタン製造会社が、製造工程で生じた産業廃棄物について土壌埋戻し材（リサイクル製品）として成分を偽装して認定を受けたうえで販売・不法投棄した事案。

1　行政処分リスク

　廃掃法その他の法令に基づく許認可や届出等の様々な手続きを適切に経なかった場合、所管官庁、都道府県、市町村から、様々な行政処分がなされる可能性があります。

　廃掃法においては、法令違反が疑われる場合には、報告徴求や立入検査を受ける可能性があるほか、その結果として改善命令や措置命令を受けることがあります。「改善命令」とは、業務フロー上の問題の改善を求めるものであり、「措置命令」は実際に発生した障害（垂れ流された環境有害物質等）の除去・対策などを求めるものです。このほか、指導・助言、それに従わない場合は勧告、さらに企業名の公表、措置命令を受ける可能性があります。

　この点は、環境省の通知[1]において詳細に説明されています。

■環境省通知の概要
- 産業廃棄物処理業の事業の停止および許可の取消し（廃掃法14の3、14の3の2）
- 特別管理産業廃棄物処理業の許可の取消し等（廃掃法14の6）
- 産業廃棄物処理施設の使用停止および設置許可の取消し等（廃掃法15の2の7、15の3）
- 2以上の事業者による産業廃棄物の処理に係る特例の認定の取消し等（廃掃法12の7）
- 報告徴収（廃掃法18①）
- 立入検査（廃掃法19①）
- 改善命令（廃掃法19の3）
- 措置命令（廃掃法19の5）
- 排出事業者等に対する措置命令（廃掃法19の6）
- 生活環境の保全上の支障の除去等の措置（廃掃法19の8）
- 公表
- 刑事告発

---

[1] 環境省「行政処分の指針について（通知）」（令和3年4月14日付け環循規発第2104141号）《https://www.env.go.jp/hourei/add/k104.pdf》。

上記通知においては、「行政指導を継続し、法的効果を有する行政処分を行わない結果、違反行為が継続し、生活環境の保全上の支障の拡大を招くといった事態は回避されなければならないところであり、緊急の場合及び必要な場合には躊躇することなく行政処分を行うなど、違反行為に対しては厳正に対処すること」が求められており、環境規制違反に対して行政は徹底的に指導をするという傾向も見受けられるため、注意が必要です。令和3年度の廃掃法に基づく行政処分の実績としては、報告徴収5,364件、立入検査18万9,857件、処理業許可取消し241件、改善命令12件、措置命令21件となっています[2]。

　ケース1-1 においては、再生リサイクル製品が廃掃法上の廃棄物であると判断され、自治体により本社および同社工場への立入検査が実施され、当該製品の撤去を求める措置命令がなされました（約485億円の撤去工事を実施）。

　なお、事案によっては、業務停止処分、証券取引所において上場廃止となる場合もあるなど、円滑な事業運営が困難になることも少なくありません。

2　刑事責任リスク

　さらに、法規制等に反する不適切な処理がなされたことを理由に、刑事責任が問われるケースもあります。特に環境関連法令は、罰金が高額になるため注意が必要です。例えば廃掃法においては、廃棄物の不法投棄には5年以下の懲役[3]または1,000万円以下の罰金、またはその両方が科せられ、企業の場合は3億円以下の罰金が科せられることがあります。これは他の法律と比べても極めて高い金額であるといえます。

　ケース1-1 では、企業に対して5,000万円の罰金が科されています。廃掃法をはじめとする環境関連法令違反に対しては、官庁、自治体からの積極的な刑事告発が行われており、企業としては、事業の存続を脅かす致命的な

2　環境省「産業廃棄物処理施設の設置、産業廃棄物処理業の許可等に関する状況（令和3年度実績等）について」（2023年5月30日）《https://www.env.go.jp/press/111095_00004.html》。
3　令和4年6月の刑法改正により、懲役刑は拘禁刑へと改められた（令和7年6月施行）。

リスクにつながりかねません。

3　民事賠償リスク

　環境汚染が生じた場合に必要となる汚染対策費用は高額に及びます。そして、汚染対策が必要となる不動産を取引により取得・売却した場合（M&Aで対象不動産を取得するに至った場合も同様）、その買主・売主間で対策費の負担をめぐって紛争となるケースは数多く見られます（図表1）。図表1行目の大阪市の夢洲の件では、カジノを含む統合型リゾート（IR）予定地の土壌対策費約790億円を市が負担する方針を決めており、万博跡地も含めれば約1,578億円に膨らむ可能性があると報道されています[4]。

図表1　近時の不動産取引紛争等において発覚した土壌汚染等の対策費用

主要な紛争（抜粋）	所在地	対策等相当額
（進行中）大阪 2022〜	大阪市	約1,578億円
★訴訟外和解：横浜 2019	横浜市	約21億円
判決：東京高判 2018.6	東京都大田区	約59億
★和解：東京地裁 2014.4	東京都	約50億円
★和解：東京地裁 2013.10	東京都葛飾区	20億円
判決：大阪高判 2013.7	奈良県御所市	約1億9,000万円
和解：岡山地裁 2012.12	岡山県岡山市	約2億2,500万円
判決：奈良地判 2011.10	奈良県	約1億6,000万円
訴訟外和解：東京 2011	東京都江東区	約858億円（売主負担78億円）
★和解：東京地裁 2009.4	宮城県仙台市	約3億円
★判決：東京地判 2008.11	東京都板橋区	約7,100万円

※　★は著者が担当した案件

4　前掲序章注1。

COLUMN 1

不動産売買・M&Aによる不動産取引による汚染責任の承継

取得した不動産に廃棄物・環境汚染が存在する場合、それが周辺に拡散することで周辺・隣地所有者に対して健康被害を与えるおそれがある。

土対法、水濁法、廃掃法、公害防止事業費事業者負担法等においては、汚染の排出等に責任のある者に対して、その除去または発生の防止のために必要な措置を行うように命令がなされることがある（措置命令）。その場合、企業は基本的には自らの負担において命令された内容の措置を実施する必要がある。

M&Aと不動産取引において、産業廃棄物や有害物質を保管・排出する工場やその敷地が譲渡対象資産となるケースも多いため、かかるリスクは想定しておかなければならない。特に、土対法・水濁法においては、措置命令を受ける特定事業場の設置者の対象として「相続、合併又は分割によりその地位を承継した者を含む」ことが明確にされている（土対法7①但書、水濁法14の3）。また、公害防止事業費事業者負担法においても、汚染排出事業者と合併して発足した会社に対して費用を負担させることができるとされており[5]、M&Aや組織再編に伴いかかる責任を負担する可能性がある。

また、事業上生じる環境汚染（廃棄物による汚染を含む）については、これにより被害を受けた周辺地その他の第三者に対して賠償が必要となることがあります。

4　信用毀損リスク

上記で紹介した行政処分・刑事責任・民事賠償の各リスク以外にも、法令

---

[5]　東京高判平成20年8月20日判タ1309号137頁。

違反により企業の社会的評価（レピュテーション）が低下するほか、リスク発覚後の対応にも大きな非難が集まり、顧客の流出をはじめとした甚大なダメージを受ける場合もあります。

以上の各リスクの実例については、後述の第2章各パートで説明します。

2 環境法規制違反により役員個人が受けるリスク

環境・廃棄物・リサイクル法規制に違反した場合、企業のみならず、取締役その他の役員も刑事責任、民事賠償責任を問われることがあります。

1 役員個人の刑事責任

ケース1-1 では、企業に対して5,000万円の罰金が科されたほか、不正行為を主導した役員に懲役2年の実刑が科されています。

2 役員個人の民事賠償

また、役員についても、株主代表訴訟等によって極めて多額の賠償責任を負うケースが見られます。ケース1-1 では、株主代表訴訟が提起され、責任が認められた元役員のうち1名に対しては約485億円の支払いが命じられました。

> ケース1-1　大阪地判平成24年6月29日裁判所ウェブサイト（三重・平成17年）（再掲）
> - 酸化チタン製造会社が、製造工程で生じた産業廃棄物について土壌埋戻材（リサイクル製品）として成分を偽装して認定を受けたうえで販売・不法投棄した事案。
> - 株主代表訴訟が提起され、第1審は、元役員ら3名の責任を認め、そのうち1名に対しては請求額のほぼ全額である485億8,400万円の支払いを命じた。

取締役は会社に対して善管注意義務を負っていますが（会社法330、民法644）、取締役がその任務を怠ったときは、会社に対してこれによって生じた損害について賠償する義務が生じることがあります（会社法423①）。企業において廃棄物・環境汚染をはじめとする不祥事が発生した場合に取締役が責任を問われるケースは、以下のとおりです。

（1）役員が不祥事に直接関与しているケース

　役員が、意図的に不祥事に関与していた場合には、当該役員は会社に対する善管注意義務に違反したことを理由に損害賠償等の責任を負うことになります。

（2）役員が不祥事に直接関与していないケース

　役員自らが、不祥事に直接関与していなかった場合であっても、以下の場合には責任が認められることがあります[6]。

> ア．不祥事に関し、監視・監督義務（会社法362②（2））を怠っていたことの責任（監視・監督義務違反)[7]
>
> イ．内部統制システムの構築を怠っていたことの責任（内部統制システム構築義務違反又はその監視義務違反)[8]
>
> ウ．不祥事発覚後の損害拡大回避を怠ったことの責任（損害拡大回避義務違反)[9]

---

[6] 猿倉健司『不動産取引・M&Aをめぐる環境汚染・廃棄物リスクと法務』（清文社、2021年）472頁。

[7] 最判昭和48年5月22日民集27巻5号655頁、東京地判平成11年3月4日判タ1017号215頁等。

[8] 最判平成21年7月9日判時2055号147頁、大阪地判平成12年9月20日判タ1047号86頁参照。なお、会社法362④（6）が規定する「取締役の職務の執行が法令及び定款に適合することを確保するための体制その他株式会社の業務並びに当該株式会社及びその子会社から成る企業集団の業務の適正を確保するために必要なものとして法務省令で定める体制」を、一般に「内部統制システム」と呼ぶ。

[9] 大阪高判平成18年6月9日判タ1214号115頁、大阪地判令和6年1月26日裁判所ウェブサイト参照。

Ⅱ 行政対応・規制対応の負担と実務上のリスク

 国の法令と異なる各自治体の条例

1 数多く多岐にわたる環境関連法令

　国の法令上規制される廃棄物や環境汚染物質は多様であり（特定有害物質、ダイオキシン類、油汚染、アスベスト、PCB 廃棄物、地下杭その他の地下埋設物・障害物など）、それらを規制するため、環境分野では他の法分野と比較しても極めて多数の法令が存在します（図表２）。

図表２　環境関連法令（例）

1. 温対法
2. 省エネ法
3. 建築物省エネ法
4. フロン排出抑制法
5. オゾン層保護法
6. 自動車 NOx・PM 法
7. 大防法
8. 水銀環境汚染防止法
9. 公害防止管理者法
10. 悪臭防止法
11. 化管法
12. 化審法
13. 環境アセスメント法
14. 環境基本法
15. 土対法
16. 水濁法
17. 下水道法
18. 農薬取締法
19. 毒劇法
20. 放射性物質汚染対処特措法
21. 浄化槽法
22. ダイオキシン類対策特別措置法
23. 廃掃法
24. PCB 特別措置法
25. 資源有効利用促進法
26. 循環基本法
27. グリーン購入法
28. プラスチック資源循環法
29. 容器包装リサイクル法
30. 食品リサイクル法
31. 建設リサイクル法
32. 自動車リサイクル法
33. 家電リサイクル法
34. バーゼル法
35. 労安衛法
36. 石綿則
37. 消防法
38. 再エネ特措法

39. 電気事業法	41. 騒音規制法
40. 工場立地法	42. 振動規制法

　上記のほかにも、宅造法、森林法、農地法、河川法、海岸法、砂防法、急傾斜地法、地すべり等防止法、都市緑地法、首都圏近郊緑地保全法等、関連する法令も数多く存在します。さらには、各法令に対応する数多くの規則・通知・ガイドラインのみならず、自治体ごとの条例・規則・指導要綱も存在するなど、理解しなければならない規制の内容（許認可・登録・届出、定期報告義務等）も多く、その範囲は極めて広範かつ複雑です。

　海外子会社を有する企業では、上記国内規制にとどまらず、子会社の所在する国・地域での各規制・定期報告義務の対象となるのかといったことについても把握しなければなりません。自社のビジネスに必要な規制を網羅的に把握することは容易ではありません。

2　国の法令と異なる各自治体の条例

　各自治体が定める条例は様々で、環境保全やまちづくりに関連するものだけでも、廃棄物対策やリサイクル、プラスチックの資源循環のほか、カーボンニュートラル（省エネルギー・温室効果ガス対策を含む）や太陽光発電設備の規制、再生可能エネルギーの利用促進に関する条例、埋土や景観、民泊、土壌汚染、地下水、アスベストその他の大気汚染の環境基準に関する条例などがあります（図表3）。

図表3　各自治体に見られる主な環境関連条例

● SDGsに関する条例	● 無電柱化の推進に関する条例
● 脱炭素社会を目指す条例/地球温暖化対策条例	● 景観条例
	● 屋外広告物条例
● 太陽光発電設備の規制に関する条例	● 歴史的建築物保存及び活用に関する条例
● 再生可能エネルギーの利用促進に関する条例	● 土砂埋立て規制に関する条例
	● 空き家条例

- プラスチック資源循環に関する条例
- レジ袋に関する条例
- 食品ロスに関する条例
- 星空を守る条例
- 水源地域保全条例
- 水道水源保護条例
- 地下水保全条例
- 大気汚染防止条例
- 資源ごみ持ち去りを禁止する条例
- ヤード条例/スクラップヤード条例
- 工場立地条例
- 騒音・振動規制条例
- ごみ屋敷に関する条例
- マンションの管理と立地規制に関する条例
- 民泊（住宅宿泊事業）に関する条例
- 放射性廃棄物に関する条例
- 火災予防条例
- 生物多様性に関する条例
- 地域資源の活用と振興に関する条例
- 県産木材等の利用促進に関する条例
- 森林づくりに関する条例
- 廃棄物処理に関する条例

　さらに、条例は国の法令を受けて制定されていますが、国の環境法令と1対1のきれいな形で対応しているわけではない（国の法令である「大気汚染防止法」と自治体が定めた「大気汚染防止条例」が対応しているわけではない）ことにも注意が必要です。例えば、大阪府の「大阪府生活環境の保全等に関する条例」（以下、「大阪府環境条例」）や東京都の「都民の健康と安全を確保する環境に関する条例」（以下、「東京都環境確保条例」）は複数の章から構成されていますが、各章の内容を見るとそれぞれ複数の国の法令に対応する内容が広く含まれる形になっているなど、対応関係がわかりづらくなっています（図表4。図表5も参照）。

図表4　環境に関する代表的な条例の目次構成の例（大阪府・東京都）

●大阪府生活環境の保全等に関する条例	●都民の健康と安全を確保する環境に関する条例
第1章　総則	第1章　総則
第2章　生活環境の保全等に関する施策	第2章　環境への負荷の低減の取組
第3章　大気の保全に関する規制等	第1節　地球温暖化の対策の推進
第1〜6節　略	第2節　大規模事業所からの温室効果ガス排出量の削減
第4章　水質の保全に関する規制等	

> 第1～3節　略
> 第5章　地盤環境の保全に関する規制等
> 　第1～3節　略
> 第6章　化学物質の適正な管理
> 第7章　騒音及び振動に関する規制等
> 　第1～7節　略
> 　以下、略
>
> 第3節　建築物に係る環境配慮の措置
> 第4節　削除
> 第3章　自動車に起因する環境への負荷の低減の取組及び公害対策
> 　第1～5節　略
> 第4章　工場公害対策等
> 　第1節　工場及び指定作業場の規制
> 　第2節　化学物質の適正管理
> 　第3節　土壌及び地下水の汚染の防止
> 　第4節　建設工事に係る規制
> 　第5節　特定行為の制限
> 　第6節　地下水の保全
> 　以下、略

　北海道公害防止条例なども同様であり、「第4章　公害の防止に関する規制」において大気汚染、水質汚濁、騒音、振動、悪臭、地盤沈下、土壌汚染の典型7公害について広範囲の規制措置を定めています。

3　都道府県の条例と異なる市区町村独自の規制

　特に留意すべきなのは、都道府県だけでなく市区町村にも独自の条例が定められている場合、いずれの規制内容も把握しておかなければならないということです（図表5）。

　加えて、各条例に対応する施行規則や指導要綱等がある場合もあります。これらは、行政機関が指導を行う場合の要領等を定めたもので、企業を直接規制するものではない場合でも、事実上、企業にとっては従わざるを得ないものとして機能していると見るべきです。

　さらに、国の法令、都道府県の条例、市区町村の条例の規制内容・基準が全て異なる場合もあることが、より理解を困難にしています。例として、国の法令より厳しい基準が設けられている「上乗せ規制」、国の法令では規制されていないものを独自に規制する「横出し規制」がありますが、大防法32条に関しては約20以上の都道府県条例で、水濁法29条では全ての都道

図表5　法律と条例の関係性の例

出典：猿倉健司「法令と異なる各自治体ごとの環境条例規制と法的リスク」[10]（Business & Law）

府県の条例で、上乗せ規制が設定されているといわれています。

4　留意すべき法令と条例の相違点

　企業が把握しなければならないのは、国の法令による規制内容だけではありません。自治体の条例による規制内容が国の法令と異なる場合、これを把握していなかったことにより、必要な手続きを怠ってしてしまうこともあります。これを防ぐためには、国の法令と条例の相違点について理解することが大切です。以下に、いくつか例を紹介します。

（1）土対法と東京都環境確保条例

　土対法では、3,000 m² 以上（場合によっては 900 m²）の範囲の土壌掘削その他の形質変更を行う場合には、事前に届出が必要とされています。一方、東京都環境確保条例では、掘削範囲ではなく対象地の面積が 3,000 m² 以上である場合には、掘削前に必要な届出をしなければなりません（図表6）。つまり、例えば 5,000 m² の土地のうち 2,000 m² の範囲を掘削するというケースでは、土対法に基づく届出は不要であっても、東京都環境確保条例に基づく届出が必要となる場合があるということです[11]。

10　https://businessandlaw.jp/articles/a20230729-1/

図表 6　土対法と東京都条例（事前要届出の土地開発対象面積）

土壌汚染対策法　▶　3,000 ㎡以上の**範囲の土壌掘削その他の形質変更**

東京都環境確保条例　▶　3,000 ㎡以上の**土地内で土地の改変**　← 3,000 ㎡の対象が異なる

出典：猿倉健司「法令と異なる各自治体ごとの環境条例規制と法的リスク」
（Business & Law）

（2）化管法と東京都環境確保条例・大阪府環境条例

　化管法と東京都環境確保条例・大阪府環境条例では、規制対象物質の数が異なり、条例独自の規制対象物質もあるほか、化管法では各物質の排出量・移動量のみが報告義務の対象とされているのに対して、大阪府環境条例では、これに加えて取扱量も報告義務の対象とされています。また、届出義務が生じる事業者の取扱量も、化管法と東京都環境確保条例では異なります（図表 7）。

図表 7　化管法と東京都・大阪府条例（対象物質と報告義務対象）

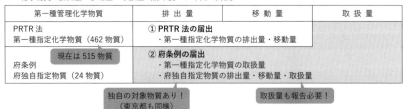

出典：猿倉健司「法令と異なる各自治体ごとの環境条例規制と法的リスク」[12]
（Business & Law）

11　前掲注 6　377 頁。
12　前掲注 10（大阪府「大阪府化学物質管理制度の概要」《https://www.pref.osaka.lg.jp/o120080/kankyohozen/shidou/prtr.html》を基に作成）。

このように国の法令と条例とで異なる規制基準があったり、国の法令にはない義務が条例に存在したりするなど、条例の規制を把握していないこと、見落としによる違反を招くことが多々あります。

以上はあくまでその一例であって、その他においても同様のリスクが数多くあるので注意が必要です。

> **対応のポイント**
> - 環境関連法令や条例等の規制は非常に数が多く、1対1できれいに対応しているわけではないことを理解する。
> - 条例の規制は、国の法令と細かい点で異なる場合があるため、両者の相違点を適切に把握していずれにも対応する。

2 法令・条例の新規制定と頻繁な改正への対応

近時特に、地球温暖化対策（温室効果ガス排出削減）に関する条例や再生可能エネルギー関連施設に関する規制、および廃棄物・リサイクルに関する規制などについて、新規の制定・改正が頻繁に行われています。以下にその例を紹介します。

1　頻繁な改正の例―東京都環境関連条例

東京都の環境関連条例は、図表8に示すように改正の多かった令和4年3月以前の1年間だけを見ても何度も改正がなされています。

2　頻繁な新規制定・改正の例―温暖化対策関連条例

特に近時、ESG・SDGsその他に関連して大変注目を浴びている地球温暖化対策に関する条例については、各自治体において近時頻繁に新規条例の制

図表8　令和4年3月以前の1年間における東京都環境関連条例等の改正状況

令和4年3月24日	環境確保条例施行規則の改正
令和4年3月17日	環境確保条例施行規則を一部改正する規則の改正
令和4年2月18日	東京都環境影響評価条例施行規則の改正
令和3年12月22日	環境確保条例の改正
令和3年12月22日	環境確保条例施行規則の改正
令和3年11月30日	環境確保条例を一部改正する条例の改正
令和3年10月29日	環境確保条例施行規則の改正
令和3年10月5日	東京都林地開発許可手続に関する規則の改正
令和3年3月31日	東京都廃棄物規則の改正
令和3年3月31日	環境確保条例施行規則の改正
令和3年3月31日	東京における自然の保護と回復に関する条例施行規則の改正
令和3年3月31日	東京都自然公園条例の改正
令和3年3月31日	東京都自然公園条例施行規則の改正
令和3年3月31日	鳥獣の保護及び管理並びに狩猟の適正化に関する法律施行細則の改正
令和3年3月31日	温泉法施行細則の改正
令和3年3月22日	東京都自動車排出ガス試験等手数料条例施行規則の改正
令和3年3月19日	環境確保条例施行規則の改正
令和3年3月16日	東京都浄化槽の保守点検等に関する規則の改正
令和3年3月16日	東京都環境影響評価条例施行規則の改正
令和3年3月9日	火薬類取締法施行細則の改正
令和3年3月8日	環境確保条例施行規則を一部改正する規則の改正

定や改正がなされています（図表9）。

　これらの規制内容は日々制定・改正されていくことから、事業者側でも対応すべき規制内容について適時適切なアップデートをしていないと、少し前までは適法であった行為であっても、ある時点を境に、知らないままに法令違反をしてしまっているということも少なくありません。理想的には、少なくとも年に1、2度は、法令・条例のチェックが必要だといえますが、年に4回チェックしている事業者もあります。他方で、図表8のように東京都の環境関連条例が頻繁に改正されていることなどからすれば、年4回のチェックでも、必ずしも十分であるとはいえません。これらの各規制の改正動向を

図表9　近時の地球温暖化関連条例の制定・改正

新潟県妙高市	生命地域妙高ゼロカーボン推進条例	令和3年4月1日施行
横浜市	横浜市脱炭素社会の形成の推進に関する条例	令和3年6月8日施行
神奈川県横須賀市	地球を守れ　横須賀ゼロカーボン推進条例	令和3年10月1日施行
東京都千代田区	千代田区地球温暖化対策条例	令和3年10月14日改正
群馬県	二千五十年に向けた「ぐんま5つのゼロ宣言」実現条例	令和4年3月15日施行
神奈川県	神奈川県地球温暖化対策推進条例	令和3年12月24日改正
長野県	長野県地球温暖化対策条例	令和4年3月24日改正
滋賀県	滋賀県CO2ネットゼロ社会づくりの推進に関する条例	令和4年4月1日施行
大阪府	大阪府気候変動対策の推進に関する条例	令和5年3月23日改正
北海道苫前町	苫前町脱炭素推進条例	令和4年6月20日施行
長野県松本市	松本市ゼロカーボン実現条例	令和4年6月24日施行
大阪市	大阪市再生可能エネルギーの導入等による脱炭素社会の実現に関する条例	令和4年9月30日改正
北海道	北海道地球温暖化防止対策条例	令和6年3月29日改正
山形県	山形県脱炭素社会づくり条例	令和6年3月22日改正
栃木県	栃木県カーボンニュートラル実現条例	令和6年3月25日改正
埼玉県所沢市	所沢市脱炭素社会を実現するための条例	令和5年4月1日施行
相模原市	さがみはら地球温暖化の防止に向けた脱炭素社会づくり条例	令和5年3月20日改正
川崎市	川崎市地球温暖化対策等の推進に関する条例	令和5年3月30日改正
東京都	都民の健康と安全を確保する環境に関する条例	令和6年3月29日改正

網羅的に適時のタイミングで把握するのは現実的でないようにも思えますが、改正情報の提供サービスを利用するなどして、適切に把握していくことが重要です[13]。

13　現在提供されているサービスとしては、『改正アラート』『ecoBRAIN環境条例 Navi Premium』（第一法規）や、『法令アラートセンター』『条例アラート』（トムソン・ロイター）などがある。

> **対応のポイント**
>
> - 近時、ESG、SDGsに関する法令・条例の規制は、制定・改正が頻繁に発生していることから、これらの各規制のうち自社と関連するものを網羅的に適時のタイミングで把握することが必要となる。
> - 認識しないままに法令・条例が改正され、気づかないうちに法令違反をしないように注意する。

3 環境行政の判断の裁量の広範さと予測困難性

1 製造副生物・不要物の転用・再利用

　廃掃法その他の環境・廃棄物に関する法規制は、一般の企業が、グループ会社や他社の製品の製造工程で生じる副生物・副産物を他の製品の材料として転用・再利用したり、発電燃料資源として利用したりするなど、事業上生じた廃棄物の再生・再利用処理の場面において足かせとなることが少なくありません。具体的には、これらの法規制により、許認可や届出等の様々な手続きが必要となる場合があります。特に、廃掃法の規制対象となる「処理」には再生・再利用のための処理（廃棄物から原材料等の有価物を得ること、または処理して有価物にすること）も含まれることから、再生されるまでの間は廃棄物と同様の規制を受けることになり[14]、同法に従い適正に処理を行おうとする場合、相当な運搬・処理費用等のコストがかかります。これは、企業にとって大きな負担となるばかりか、金額によっては当該施策・ビジネスが成立しない事態ともなり得ます。そのため、できる限り法規制の対象と

14　この点については、環境省通知（前掲注1）において、「再生後に自ら利用又は有償譲渡が予定される物であっても、再生前においてそれ自体は自ら利用又は有償譲渡がされない物であることから、当該物の再生は廃棄物の処理であり、法の適用がある」と説明されている。

はならないようなビジネススキームの検討が重要となりますが、仮に法規制の対象となる場合であっても様々な方策を認める制度が存在することもあり、当該制度や規制を考慮して最適なスキームを検討することができれば、むしろ新たなビジネス参入・拡大の可能性が大きく広がります。

　ただし、リサイクル製品・再生品やその原材料が「廃棄物（不要物）」にあたるか否かの判断は、ケースバイケースで法的な解釈が異なる評価の難しい問題でもあります。そのうえ、行政解釈と裁判例で結論を異にすることもあり、有償取引でなかったとしても廃棄物（不要物）ではないと判断されることもあることから、弁護士などの専門家に相談することが必要です。また、必要に応じて自治体や官庁に相談、確認すべきでしょう。

2　予想外の判断・処分がなされた実例
（1）京都市の逮捕事例（廃掃法違反）
　廃棄物や環境有害物質の処理・再利用などの手続きに関しては、

- 法規制の対象となる廃棄物にあたるかどうか（許認可の要否）
- 様々な制度を利用する要件を満たすかどうか（制度利用の可否）

が重要なポイントとなりますが、判断が難しいことも多くあります。

　判断材料として、法令・条例のほか、指針・ガイドライン・指導要綱その他が存在するものの、必ずしも明確な基準・解釈が設定されているわけではありません。特に、環境行政においては、自治体の裁量に委ねられている部分が大きく、ある官庁（や自治体）から問題ない旨の見解が提示されたにもかかわらず、他の官庁等から当該見解に従った処理が違法であると判断されたケースもあります。ここで、京都市で実際に起こった例（報道内容、公開内容を整理したもの）を紹介します（ケース1-2）[15]。

ケース1-2 京都・令和元年

【事案の概要】
- 京都市内に本社を置く産廃処理会社が京都市から許可を得たとする品目以外のがれき、木くずなどと土砂の混合物を選別して残った混合物を固化処理した再生製品(プラスチックや金属くずをふるいにかけた後の残渣)を、滋賀県内の宅地造成地に使用していたところ、当該製品は産業廃棄物であるとして、同社社長が廃棄物処理法違反容疑で京都府警に逮捕された事案(なお、京都地方検察庁は不起訴とした)。

【事業者の見解】
- 汚泥とともに処理したのは、適法に選別され洗浄処理された「再生砂」であり、産業廃棄物ではない。
- 定期的に京都市の検査を受けていた。
- 土砂に対する異物の重量比が5%以下にとどまるかどうかを目安にしており、京都市が同社を抜き打ち検査した際も異物の重量比は3%で、鉛や水銀など有害物質も基準値内だった。
- リサイクルする際に異物を100%取り除くことは不可能。基準を厳しくしすぎると、産廃処理事業自体が滞る。
- 環境省廃棄物規制課は「厳密な基準があるわけではないが、リサイクル製品の中に異物が1%でも含まれてはいけないのかと問われれば、必ずしもそこまで求めるものではない」としている。

【京都府警の見解の概要】
- 造成に使われた土砂の中にがれきや木くずなどの異物が微量でも含まれていれば、産業廃棄物にあたる。

---

15 「土砂か産廃か、京都市・府警で割れた判断 地検は不起訴」(朝日新聞2019年3月19日付けオンライン)、前掲注6 399頁、猿倉健司「環境有害物質・廃棄物の処理について自治体・官庁等に対する照会の注意点」(BUSINESS LAWYERS・2020年5月22日)《https://www.businesslawyers.jp/practices/1238》。

- 混合物を掘り起こして構成物質を確認したうえで、環境省のガイドラインや他の自治体の判断基準などをもとに産業廃棄物であると判断した。

このように、廃棄物（環境有害物質）の処理に関して、事前に自治体や官庁等から何らかの見解が示された場合であっても、必ずしも「お墨付きが与えられた」とはいえない場合もあります。

（2）大阪府の送検事例（宅地建物取引業法違反）

もう1つ、土壌汚染が検出された事実を告知せずに地上マンションを分譲したことが問題となった事例（ケース1-3）を紹介します。

ケース1-3 大阪・平成17年
- 不動産デベロッパーが、地中から土壌汚染が検出された事実を告知せずに地上マンションを分譲したことを理由に、宅地建物取引業法の告知義務違反を理由に、行政処分や関係者の検察官送致までなされた事例。

ケース1-3は、平成15年1月の不動産鑑定評価基準の改正により土壌汚染の存在が宅地建物取引業法上の告知義務の対象として明示される前の時点（同年の土対法の施行により明示）で、土壌汚染が検出された事実を告知せずに地上マンションを販売した事案ですが、販売事業者が、告知義務違反を理由に検察官送致までなされてしまったというものです。当時、すでに環境庁（現環境省）から公害対策基本法（環境基本法）における土壌の汚染に係る環境基準[16]が公表されており、土壌汚染の事実を告知すべきことについて業界団体の指針が出されていたことなどを理由に、法令上は明確に告知義務があるとはされていなかったにもかかわらず、このような判断がなされた

---

16 平成3年環境庁告示第46号。

のです。

　このように、告知義務の有無などの法的解釈や法令適合性の判断は容易ではありません。「自社のビジネスが環境有害物質や産業廃棄物の処理の規制の対象となるのか」「どのような規制がかかるのか」等、法的な判断が難しいものについては、最新のガイドラインや通知、規制動向や裁判例も踏まえて慎重に検討し、必要に応じて弁護士その他の専門家の意見を踏まえたうえで適切に対応することが重要です。

COLUMN 2

新規ビジネスにおける行政による許認可・登録の要否

　新規ビジネスにおいて、行政による許認可・登録の要否が問題となるケースは、以下に示すように、金融商品取引法に基づく金融商品取引業者（第二種金融商品取引業や投資助言・代理業等）の登録や、資金決済に関する法律上の資金移動業や暗号資産交換業（仮想通貨交換業）の登録の場面においても同様である。組み立てた新たなビジネススキームによっては、これらへの対応も必要になるので注意が必要である。

(a) 金融商品取引法上の登録なしでの資金調達・事業受託・収益還元

　法令上の定義が広く、典型的な集団投資スキーム（いわゆるファンド）ではなくても同法の適用を受ける場合がある（例：金銭を拠出する者が委託した事業に関与しないケースなど。1対1のケースも含まれる）。

(b) 資金移動業の登録なしでの送金類似サービス（投げ銭等）

　資金決済に関する法律上の送金（為替取引）サービスにあたっては資金移動業の登録と資金要件等が必要となるため、投げ銭、割り勘アプリなどで問題となる（決済代行であれば規制の対象外となる場合もある）。

(c) 景品表示法上の規制違反となる内容の懸賞・ポイントサービス
　　規制対象となる懸賞やポイントサービスに該当するかなどが問題となる（上限規制もそれぞれ異なるため、注意が必要）。

● 法的解釈や法令適合性の判断は容易ではないため、法的な判断が難しいものについては、最新のガイドラインや通知・通達、規制動向や裁判例も踏まえて慎重に検討し、必要に応じて弁護士その他の専門家の意見を踏まえたうえで適切に対応する。

4　環境法違反発覚時の行政報告・広報のリスクと留意点

1　環境法違反が発覚した場合の行政処分

　事業者の法令違反が疑われる場合には、指導・助言、勧告、企業名の公表、措置命令等の行政処分を受けるリスクがあります。特に、環境有害物質や産業廃棄物の処理に問題があり、事業者が適切な手続きを経ていなかった場合、所管官庁の大臣、都道府県知事、市町村長から、図表10に示すような様々な行政処分がなされる可能性があります。
　例えば、産業廃棄物の不法投棄を指摘され、県や市により、本社および不正の現場となった工場への立入検査が実施された前掲の ケース1-1 では、不正を行った事業者は自主的に廃棄物を回収する旨の決定を行いましたが、その後に、廃掃法に基づき撤去を求める措置命令がなされています。このように、行政処分を免れるために企業が自浄努力の姿勢を示して対策・改善措置を表明したとしても、その内容や対応が十分でない場合には、当該対応（またはその表明）にかかわらず行政から措置命令を受けることもありえる

図表10　廃棄物の不適正処理に関する主な行政処分

行政処分	概要
報告徴求	産業廃棄物の保管、収集、運搬、処分等について報告を求める。
立入検査	施設等に立ち入り、帳簿書類等を検査させ、試験の用に供するのに必要な限度で廃棄物等を無償で収去させる。
改善命令	産業廃棄物の保管、収集、運搬、処分の方法変更その他必要な措置を講じることを命じる。
措置命令	生活環境の保全上支障が生じるおそれがあると認められるときは、期限を定めて支障の除去または発生の防止のために必要な措置を講じることを命じ、自ら支障の除去等の措置を講じ、その費用を徴収する。

のです。このような場合、行政対応を含めた経験・実績が豊富な専門家にサポートを依頼したうえで、慎重かつ速やかに行政への報告や自主的な対応の検討・実施等を進めることが必要となります。

2　行政への報告時期

　法令により、監督当局への報告が義務付けられている場合でなかったとしても、監督当局等との信頼関係を維持し円滑な調査を進めるため、また、不正行為を隠蔽していたという印象を持たれないためには、廃棄物や環境有害物質による汚染の拡散を認識した場合、速やかに、監督当局等へ一報を入れることが望ましいといえます。

　また、事実説明、原因分析、再発防止策等についても、できる限り早い段階で報告を行うことが望まれます。早期に適切な報告等を行わないことで、極めて深刻な事態を招くことがあることには留意すべきです。対応が遅れたことにより死亡事故・健康被害が発生した場合は刑事責任を問われることもあります。さらに、取締役は、善管注意義務の一内容として、企業の信用が毀損・低下してしまった場合に、これによる損害の発生を最小限度に止める義務（損害拡大回避義務）を負うとされていることから、不祥事発覚後の損害拡大回避を怠ったことの責任（損害拡大回避義務違反）を問われて株主代

表訴訟が提起された例もあります[17]。

3　行政への説明・公表が不適切・不十分であった場合のリスク

以下においては、説明・公表内容が不適切・不十分であったことにより、かえって企業の社会的信用を毀損してしまった（炎上してしまった）例を紹介します。

そのような事態を招くのは、（1）タイミング・時機を逸した場合、（2）説明内容が二転三転した場合、（3）説明内容が不適切であった場合、（4）被害者的な振る舞い（責任逃れ）をした場合などです[18]。

説明・公表が不適切・不十分であった場合のリスクは極めて深刻なため、リスクコミュニケーションについて経験豊富なコンサルタントや弁護士等から助言を受けることや、環境汚染の調査会社に汚染の状況、対策工事の内容、健康被害のおそれについて専門的な説明を行ってもらうことも考えられます。説明内容や公表のタイミングについて、事前に弁護士等のチェックを受ける例も多くみられます。

（1）タイミング・時機を逸した場合のリスク

どのタイミングでどのような内容を開示・公表するかについては慎重な検討が必要となります。特に、汚染の判明から情報の公表までの期間が長すぎた場合や外部から発覚した場合には、隠蔽を疑われ、さらなる信用の低下を招くリスクになります。

17　大阪地判令和6年1月26日（裁判所ウェブサイト）では、「調査に要するとして長期にわたって報告・公表をしないことは通常は相当ではなく、また、基準違反の内容やそれによる影響の程度等によっては、調査の途中においても速やかに何らかの報告・公表をすべき場合もあると考えられる。」と判示されている。また、大阪高判平成18年6月9日判夕1214号115頁においては、「マスコミの姿勢や世論が、企業の不祥事や隠ぺい体質について敏感であり、少しでも不祥事を隠ぺいするとみられるようなことがあると、しばしばそのこと自体が大々的に取り上げられ、追及がエスカレートし、それにより企業の信頼が大きく傷つく結果になることが過去の事例に照らしても明らかである。」「現に行われてしまった重大な違法行為によって（中略）企業としての信頼喪失の損害を最小限度に止める方策を積極的に検討することこそが、このとき経営者に求められていた」「「自ら積極的には公表しない」というあいまいで消極的な方針が、大々的な疑惑報道がなされるという最悪の事態を招く結果につながったことは否定できない。」と指摘している。
18　前掲注6　455頁。

（2）説明内容が二転三転した場合のリスク

他方で、初期の段階では、その時点で判明している事実が限られているなど、把握している情報が不確かであることも少なくありません。そのような中でも被害発生・拡大を防止するために、関係者に対して早期に必要最低限の情報をもとに説明をせざるをえない場合もあります。

その場合でも、場当たり的に事実に反する説明や弁解を行ったり、説明内容が二転三転したりしてしまうと、以下の事例のように、企業のダメージがさらに拡大してしまうことに注意する必要があります。

> **ケース1-1** 大阪地判平成24年6月29日裁判所ウェブサイト（三重・平成17年）（再掲）
> - 酸化チタン製造会社が製造工程で生じた産業廃棄物を再生利用して製造した土壌埋戻し材（リサイクル製品）について成分を偽装して認定を受けたうえで販売・不法投棄した事案。
> - 会社が不法投棄をした廃棄物に有害物質が混入していることはないこと、また企業として不法投棄を行った事実はないことなどの声明を発表した後に、それらの声明の内容が事実ではなかったことが判明した。
>
> **ケース1-3** 大阪・平成17年（再掲）
> - 対象地において土壌汚染が検出された事実を告知せずに地上マンションを分譲した事例。当初、宅地建物取引業法違反（重要事項の説明義務違反）にはあたらない旨の見解を公表したが、後に撤回したことで、対応に迅速性を欠き後手に回ったと批判がなされた。
>
> **ケース1-4** 神奈川・平成26・27年
> - 大規模マンションの基礎杭が支持地盤にまで到達しておらず建物が傾斜した事案。会社はマンション基礎杭のデータの改ざんに関わったのは問題となっている現場代理人1名だけである旨の見解を示し

ていたが、その後の調査で他の担当者が関わった物件でもデータの改ざんが発覚（約180名の現場代理人のうち50名以上によるデータ改ざんが判明）した。

ケース1-5 大阪・平成27年
● 免震製品のデータ偽装が行われていたことが発覚した事案。関係者の事情聴取や社内調査が不十分な状況であるにもかかわらず、合理的な根拠もなく改ざんの事実を否定したり、改ざんされたデータの範囲を過少に発表したりしてしまい、後になって当初の発表と異なる事実が発覚した。"免震ゴムが使用された対象件数"や"経営陣が不正を認識した時期"の説明内容が何度も変わり、記者会見では、不正を行った社員を1名としていたが、その後の調査で4名であったことが判明したということもあった。

（3）説明内容が不適切・不十分であった場合のリスク

　法令違反が発覚した場合、正確な情報の公表と合わせて、不祥事を起こしてしまったことについての謝罪を検討する必要があります。しかし、謝罪の内容等が不適切・不十分であると受け手に感じられてしまった場合、事態がより深刻化してしまうことがあるので注意が必要です。どのような内容を開示・公表するのかについては、慎重な検討が必要とならざるをえず、謝罪も含めた内容とすべきか否かも含め、事前に弁護士等のチェックを受けることも検討すべきです。

（4）被害者的な振る舞い（責任逃れ）をした場合のリスク

　環境汚染の原因によっては、必ずしも自社に落ち度がないという場合もあるかもしれません。だからといって、ただちに関係者に対する説明や謝罪を行わなくてよいということにはならないことに注意が必要です。例えば、もともとの汚染原因が第三者にあったり、他社のトラブルに巻き込まれたりしたケースであっても、第三者に迷惑をかけている（その意味では加害者であ

る）という点に留意すべきです。このようなケースで、自社も被害者であるという印象を与えるような説明を行うと、責任逃れという印象を与えてしまい、かえって企業の信用低下につながってしまうおそれがあります。

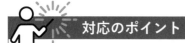

対応のポイント

- 行政に対する説明等が不適切・不十分であった場合のリスクは極めて深刻なため、リスクコミュニケーションについて経験豊富なコンサルタントや弁護士等から助言を受け、タイミングや説明内容について事前にチェックを受けることも検討する。

5　周辺住民との関係とリスクコミュニケーション

　以下においては、廃棄物や環境汚染（特に土壌汚染）が発覚したケースで、周辺住民への説明を行うことを念頭に、解説します[19]。

1　環境汚染におけるリスクコミュニケーションの重要性
　土壌汚染等の環境汚染が存在したとしても、それが直ちに健康被害が生じるものではなく、封じ込め等により適切に管理することで健康被害のリスクを抑えられる場合もあります。しかし、有害物質等による環境汚染によるリスクは目に見えない分、安全性への信頼、ひいては安心を得ることは難しい場合も多いのです。このことは、東京都の豊洲市場の移転予定地において発見された汚染の安全性について大きく報道されるなど大変高い関心が寄せられたことからもうかがえます。
　また、対象物件の所有者が、資産価値が減少すること等を懸念し、情報を

19　前掲注6　460頁。

積極的に公表しないケースも少なくなく、周辺住民等が、情報を隠しているのではないかといった不信感を持つことも多いのが実情です。だからこそ、土壌汚染が発覚した場合、それによる健康リスク、対策の必要性や方法等について周辺住民に説明し、十分な理解を得ることが極めて重要になります。

2　周辺住民への説明のタイミング

　不動産取引やM＆A取引によって取得した土地において、環境汚染・廃棄物リスクが発生した場合、汚染の拡散その他の被害の拡大を防ぐための措置をただちに講じることが重要です。

　その後の対策を円滑に進めるためには、適切なタイミングで周辺住民にも説明を行い、理解を得ることが不可欠となります。

　土壌汚染を例としてあげれば、①土壌汚染調査により土壌汚染が判明した段階（図表11①）、②追加調査や土壌汚染対策が進捗した段階（図表11②）、③計画した土壌汚染対策が完了した段階（図表11③）、といった各段階において説明を行うことが望ましいとされています。

（1）汚染状況・対策措置の説明とタイミング（「①状況・対応方法説明・公表」）

　土壌汚染の状況・対策措置の説明は、土壌汚染調査の結果が判明した段階でできるだけ早く行うことが必要です。速やかに正確な情報を整理し、土壌汚染の対策措置その他の対応方針を検討したうえで、土壌汚染の状況・対策措置の計画について説明します。早期段階における説明という観点から汚染状況のみであってもまず説明すべきという要請と、安心を与えるという観点から対策措置までセットで説明すべきという要請の両面があります。

　また、汚染の判明から情報の公表までの期間が長すぎると、状況によっては周辺住民への健康被害のおそれがあるのに放置ないし隠蔽を画策していたと捉えられてしまうおそれがあります。他方で、初期の段階では、把握している情報が全てではなく不確かであることも多いため、どのような内容を説明すべきかについて検討に苦慮する場面も少なくありません。

　さらに、周辺住民、プレスリリース（メディア発表を含む）、自治体等に

図表 11 リスクコミュニケーションを行うタイミング

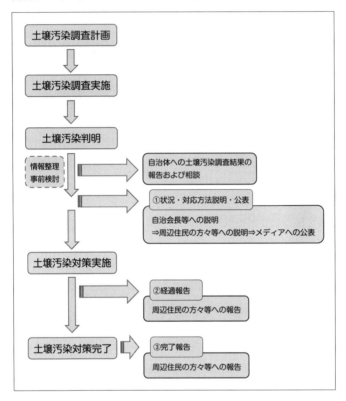

出典：(公財) 日本環境協会「事業者が行う土壌汚染リスクコミュニケーションのためのガイドライン」(2017 年)[20] 15 頁

対して複数の手段で情報を公表する際には、公表する順序についても検討する必要があります。例えば、周辺住民が土壌汚染の情報についてメディアを通じて初めて把握した場合、直接事前の説明がなかったことに対して不信感をもたれることや、不必要な誤解・憶測をされることが懸念されます。

(2) 対策措置の経過報告（「②経過報告」）

必要に応じて汚染対策の実施中の段階でも、経過報告を行うことが考えら

---

20 https://www.jeas.or.jp/dojo/business/promote/booklet/files/05/all.pdf

れます。経過報告は、情報を共有することにより周辺住民へ安心感を与え不信感を抱かせないようにすることを目的として行うものです。必要に応じて複数回実施することも考えられます。

　また、追加調査の実施が必要になる場合や、その他対策工事の当初設計から大きな軌道修正が必要になる場合、当初計画で想定していた期間と実際の進行の間に開きが生じる場合など、当初の予定から変更がなされることやその理由について説明することにより、理解を得ることも検討すべきです。

（3）対策措置の完了報告（「③完了報告」）

　汚染土壌を入れ替えること等により汚染を完全に除去した場合、完了報告をするのはもちろんですが、汚染を封じ込めて管理する方法を選択した場合には、その後の管理状況について定期的に報告することもあります。

　その場合、汚染が存在し続けることを前提に、適切に管理することによって健康被害が生じないということを理解してもらうことが大切です。最も重要なのは、安全（客観的に健康被害を生じさせないこと）のみならず安心（健康被害その他の心理的な不安を取り除くこと）を与えるということです。安全と安心、両者は異なるということを理解すべきでしょう。

3　周辺住民への説明内容

　土壌汚染の状況を開示する初期の段階において公表する内容としては、以下のような事項が考えられます。

- 事業所の概要、地歴
- 土壌汚染調査を実施した契機
- 公表までの経緯
- 土壌汚染調査結果（汚染物質の種類、濃度、分布状況等）
- 周辺の情報（地下水利用の可能性等）
- 想定される汚染原因（事業活動における取扱履歴等）
- 人の健康や周辺環境への影響、汚染の広がりの可能性
- 自治体との協議内容・経過（区域指定状況等）

- 今後の短期的、長期的な取り組み内容の予定（詳細調査計画、対策計画、対策完了後に土壌汚染がある状態を維持する場合の管理方法、対策を行う必要がない土地として土壌汚染がある状態を維持する場合の管理方法など）
- 次回の情報提供・説明の方法、タイミング
- 対応体制と窓口（問い合わせ先）

出典：（公財）日本環境協会「事業者が行う土壌汚染リスクコミュニケーションのためのガイドライン」（2017年）17頁参照

　加えて、土壌汚染対策を実施する場合には、対策実施中の周辺環境への配慮の方法や対策実施後の状況に関する情報（汚染状況、対策機能の維持・点検方法等）についても公表する必要もあります。
　さらに、廃棄物や汚染の内容、汚染に至った事実関係や経緯のほか、会社に与える影響、原因、再発防止策、関係者に対する処分（懲戒処分、損害賠償、刑事告訴等）、被害者に対する補償、その他の対応方針についての説明が求められる場合もあります。

4　専門家・自治体との事前調整・準備

　土壌汚染が確認された場合、説明・公表が不適切・不十分であると極めて深刻な事態に陥る可能性があるため、リスクコミュニケーションについて経験豊富なコンサルタントや弁護士から助言を受けたり、環境調査会社に汚染の状況、対策工事の内容、健康被害のおそれについて専門的な説明を行ってもらったりすることも考えられます。
　汚染調査・対策の内容のほか、周辺住民に対する説明（リスクコミュニケーション）について自治体から助言をもらうことも考えられます。なお、条例により自主的な調査の結果の報告を義務付けている自治体（名古屋市「市民の健康と安全を確保する環境の保全に関する条例」、三重県「生活環境の保全に関する条例」等）や、調査結果の報告について努力義務を課している自治体もあるため、管轄の自治体の条例を確認する必要があります。どの

程度協力・関与してもらえるかは、自治体によって異なりますが、場合によっては、住民説明会に自治体の担当者が同席してくれることもあります。

5　住民説明会への出席者の検討

　土壌汚染が発覚した場合、周辺の住民に対する住民説明会を実施し、土壌汚染による健康リスクの程度や調査結果の概要、今後の対策等について説明する例が見られます。

　その際、事前に自治体や外部の専門家（弁護士、土壌汚染・環境リスクの専門家、コンサルタント等）と協議を行いながら、説明会の準備を進めることが望ましいといえます。自治体の担当者には、中立的な立場として住民説明会に出席してもらうことも考えられます。他方で、弁護士が同席する場合、住民説明会の出席者に、説明者が対立姿勢をとるのではないかと誤解されるリスクもあることから、出席者については慎重に検討すべきです。

対応のポイント

- 住民説明会での説明・公表が不適切・不十分であった場合、極めて深刻な事態に陥る可能性があること、安全と安心は異なることを理解する。
- リスクコミュニケーションについて経験豊富なコンサルタントや弁護士から助言を受け、汚染が判明した段階、途中経過段階、対策完了などの各段階において説明を行うことを検討する。

III 不動産売買・M&Aによる不動産の取得に係る紛争リスク

  自社工場から汚染が拡散し、周辺地所有者らとの間で紛争となるケース

　自社の工場から地下水汚染や土壌汚染を周囲に拡散させた場合、水濁法違反、下水道法違反、土対法上の処理責任など、法令上の責任が生じることがあります（詳細は第2章参照）。

　また、それ以上に問題となるのが、周辺住民との間で訴訟その他の紛争となるリスクです。自社の事業用不動産（土地・建物・工場）から環境汚染が拡散した場合、それが法令違反となるだけではなく、周辺住民等の第三者との間で紛争となり、高額な賠償責任を負う可能性もあります。ここでは、自社の工場から汚染が拡散し、周辺地所有者らとの間で紛争となったケースを取り上げます。

1　周辺地の所有者や住民に対する責任とその根拠[21,22]
（1）不法行為責任

　自社不動産や工場に土壌汚染・地下水汚染や有害物質を含む廃棄物が存在する場合、それが周辺に拡散し周辺・隣地を汚染させるとともに、隣地所有者に対して健康被害を与えるおそれがあります。実際にも、 ケース1-6 のように、汚染が地下水を経由して隣地や周辺地に拡散した結果、隣地や周辺地の所有者から、健康被害や財産権の侵害がなされたとして、不法行為責任（民法709）に基づき損害賠償請求や操業等の差止請求がなされる例も多く見られます[23]。

21　前掲注6　59頁。
22　越智敏裕『環境訴訟法［第2版］』（日本評論社、2020年）199、323頁も参照。
23　本文の事案のほか、最判昭和43年4月23日民集22巻4号964頁、水戸地裁土浦支部判平成23年3月28日 LLI/DB06650195、熊本地判昭和50年2月27日判タ318号200頁、佐賀地判平成17年1月14日判時1894号85頁等多数存在する。

> **ケース1-6** 福島地裁郡山支判平成14年4月18日判時1804号94頁
> ●工場から排出されたテトラクロロエチレンが地下水に流出したことにより周辺の井戸水が汚染されたことを理由に損害賠償責任（汚染対策費用、慰謝料等）が認められた事案。

ケース1-6では、原告らに実際に健康被害が生じたわけではないものの、健康被害が生ずるおそれがあることを理由に損害賠償責任が認められています。汚染対策費用、慰謝料等が損害賠償責任として認められる可能性があることに留意が必要です。

（2）土地工作物責任

また、上記の一般的な不法行為責任（民法709）のほかにもその特則として、土地工作物責任（民法717）に基づく損害賠償責任が認められた例もあります。土地工作物責任とは、土地工作物の欠陥によって他人に損害を与えた場合に、工作物の占有者・所有者が負う賠償責任をいいます。

> **ケース1-7** 前橋地判昭和46年3月23日判時628号25頁
> ●メッキ加工業者の施設から排出された廃液が流入したことにより、周辺地の養鯉場で養殖中の鯉が死んだとして損害賠償責任が認められた事案。

ケース1-7では、工場に設置された処理水のろ過装置に瑕疵があったことにより周辺に汚染を拡散させたとして、有害物質を排出した工場を運営していた法人に同責任が認められています。人の生命・身体に被害が出なかった場合であっても、第三者の財産に損害が生じていれば賠償責任を負うことがあることに注意が必要です。

（3）水濁法の無過失責任

なお、水濁法19①は、「工場又は事業場における事業活動に伴う有害物質の汚水または廃液に含まれた状態での排出または地下への浸透により、人の

生命または身体を害したときは、当該排出または地下への浸透に係る事業者は、これによって生じた損害を賠償する責めに任ずる」と規定しています。この責任は無過失責任であるため、上記の不法行為責任（民法709）とは異なり、設備の保持に過失がなかったとしても責任を負うことになりますが、財産被害は対象外であり健康被害のみが対象となります[24]。なお、土地工作物責任（民法717）も無過失責任であるとされているので注意が必要です。

2　汚染原因と自社工場の因果関係[25]

上記のとおり、ある土地から汚染が発覚した場合、汚染の原因者に対して責任追及をすることが考えられますが、汚染原因の立証は必ずしも容易ではありません。その土地の汚染が、近隣の工場から排出された地下水汚染によるものなのか、他にも原因があるのかなど、汚染原因（因果関係等）が検討されることになります。 ケース1-6 でも、大きな焦点となったのは、汚染原因と自社工場の因果関係でした。

> **ケース1-6** 福島地裁郡山支判平成14年4月18日判時1804号94頁（再掲）
> - 工場から排出されたテトラクロロエチレンが地下水に流出したことにより周辺の井戸水が汚染されたことを理由に損害賠償責任（汚染対策費用、慰謝料等）が認められた事案。
> - 判決では、工場と各井戸の位置関係、工場付近の地質と地下水流動系の状況、各地点におけるテトラクロロエチレンの検出状況等を総合考慮したうえで、旧洗浄室内での日常の洗浄作業の過程で、テトラクロロエチレンを跳ね飛ばしたり垂らしたりするなどして、床面に滴下し、それが地下浸透して、地下水の流動系に沿って拡散するなどした結果、各井戸を汚染するに至ったと判断された。

24　ここでいう「有害物質」とは、あらゆる有害物質を意味するものではなく、水濁法上の「有害物質」（水濁法2②（1））を意味する（北村喜宣『環境法［第6版］』（弘文堂、2023年）379頁）。
25　前掲注6　224頁も参照。

ケース1-6 では、工場と各井戸の位置関係、工場付近の地質と地下水流動系の状況、各地点におけるテトラクロロエチレンの検出状況等を総合考慮したうえで、工場内から各井戸が汚染されるに至ったと判断されています。

一般に、汚染により被った損害と汚染原因の因果関係については、原告（通常被害者側）が立証しなければならないというのが原則ですが、工場内の事情を十分に認識することのできない周辺住民にとって、その立証は容易ではありません。これに対して、新潟水俣病判決（ ケース1-8 ）では、その立証責任を一定程度緩和する内容の判断を示しています。これは、原告が工場内部の操業過程を解明することは困難であるという配慮に基づくものであると思われます[26]。

> ケース1-8 新潟地判昭和46年9月29日判タ267号99頁
> 【判決の要旨の概要】
> ●化学公害事件では因果関係の連鎖の解明には高度の自然化学上の知識を必要とし、被害者に対しこれを要求することは被害者救済の途を閉ざす結果となり、不法行為制度の根幹をなす衡平の見地からして適当でない。①被害病患の特性とその原因物質（病因）、および、②原因物質が被害者に到達する経路（汚染経路）の究明は、状況証拠の積み重ねにより関連諸科学との関連においても矛盾なく説明できれば法的因果関係ではその証明があったものと解すべきであり、この程度の立証がなされて汚染源の追及が企業の門前にまで達すれば、③加害企業における原因物質の排出（生成・排出に至るまでのメカニズム）については、加害企業において自己の工場が汚染源となっていない理由を証明しない限り、その存在を事実上推認されその結果全ての法的因果関係が立証されたものと解すべきと判断された。

26　北村喜宣『環境法［第6版］』（弘文堂、2023年）209頁等。

公害訴訟における因果関係については、 ケース1-7 でも、「原告としては侵害行為と損害との間に因果関係が存在する相当程度の可能性があることを立証することをもって足り、被告がこれに対する反証をあげえた場合にのみ因果関係を否定し得る。」と判示しています。また、汚染原因や因果関係については、経験則に照らして自然科学的知見に基づく立証を含めた全証拠を総合検討し、因果関係が明確であること、原因・結果の関係を是認し得る高度の蓋然性を通常人が疑いを差し挟まない程度に真実性の確信を持ち得る程度に証明することが求められると判示する裁判例もあります（東京地判令和元年12月26日判例秘書L07430655）。著者が担当したケースだけでも数多くの事案で、因果関係の有無が問題となっています。

対応のポイント

- 自社の事業用不動産（土地・建物・工場）から環境汚染が拡散した場合、法令違反となるだけではなく、周辺住民等の第三者との間で紛争となり、高額な賠償責任を負うリスクもあることを理解する。
- 紛争となった場合、汚染との因果関係の有無の判断は困難であるため、事業場において適切に操業がされているか、汚染の漏出がないかどうかの定期チェックをすることが必要不可欠である。

2 不動産売買・M&A後に土壌汚染・廃棄物が発覚し、紛争となるケース

1 事後的に発覚する土壌汚染・廃棄物によるトラブルの多発

土地の取得後に、対象地から土壌汚染や廃棄物その他の地中障害物が発見されてトラブルとなる事案が数多くみられます。しかも、取引前に何らかの土壌汚染調査や対策などが実施されていたにもかかわらず、後になって把握していなかった土壌汚染や地中障害物が発見されることが深刻な問題となっ

ていますので、以下ではそのようなケースを取り上げます[27]。

> **ケース1-9** 東京都・平成23年・和解事案
> ● 東京都が生鮮市場の移転予定地として購入したガス工場跡地（購入価格約559億円）で、あらかじめ売主が100億円をかけて土壌汚染対策を実施していたにもかかわらず、後に環境基準の4万3,000倍を超えるベンゼンやひ素などの有害物質が発見された事案。売主が土壌汚染対策費（最終的に約858億円）のうち78億円を負担することで和解が成立した。
>
> **ケース1-10** 東京地判平成20年11月19日判タ1296号217頁
> ● 工場跡地で、あらかじめ売主が土壌汚染対策を実施していたにもかかわらず、その後に環境基準値の600倍を超えるひ素が検出されたことから、売主に対して約3億193万円の損害賠償請求がなされた事案。判決で、売主に約7,140万円の損害賠償支払い義務が認められた。
>
> **ケース1-11** 神奈川県・平成25年
> ● 神奈川県内の市役所敷地での新市庁舎建設工事の過程で、工事に先立ち実施したボーリング調査では確認できなかった鉛やコンクリート基礎などの地中障害物が見つかった事案。建設工事がストップし、新工法を採用したことにより工期が9.7カ月延び、約8億8,300万円の追加費用が必要となる見込みとなった。

ケース1-9では、取引前に土壌汚染対策などが実施、**ケース1-10**では、取引前の土壌汚染調査では汚染がないと説明されていました。また、**ケース1-11**でも、取引前の土壌汚染・埋設物調査で確認されなかったにもかかわ

---

27 前掲注6　11、220頁。

らず、後になって把握していなかった土壌汚染・埋設物が発見されています。

2　土壌汚染調査の特殊性

　では、なぜこのような事態が生じるのでしょうか。土壌汚染調査や土壌汚染対策の方法がそもそも不適切である場合もありますが、そうでない場合であってもこのような事態は生じます。その理由は、そもそも土壌汚染調査というのは、全量調査ではなく、あくまでサンプリング調査であることに起因しています。

　土対法に基づく特定有害物質の調査は、一般的に、調査区画（例えば、10 m×10 m や 30 m×30 m の平面区画：メッシュと呼ばれています）ごとに、その中心点 1 点のみの土壌を地中から採取し、それを試料として分析を行います（図表12）。そのため、調査区画内で試料を採取する調査地点を数 m ずらしただけで調査結果が異なるということはよくあることであり、試料を採取した調査地点から汚染が確認されなかったとしても、それ以外の地点に汚染があれば、その汚染は残置されることになってしまいます。

図表12　土壌調査区画の設定イメージ

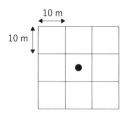

出典：環境省「土壌汚染対策法に基づく調査及び措置に関するガイドライン（改訂第3.1版）」（令和4年8月）[28] 241頁

　このような理解がないままに、土壌汚染調査や対策などが実施済みとされていた土地から土壌汚染や地中障害物が発見される事態に直面すると、「従

28　https://www.env.go.jp/content/000076380.pdf。

前の調査・対策が不適切だったのではないか」「従前の調査・対策後に汚染が持ち込まれたのではないか」などといった考えに安易に至ってしまいます。このような発想は、実際の裁判所においてもしばしば起こりえます[29]。

しかしながら、以上で説明したとおり、サンプル調査という土壌汚染調査の性格に鑑みれば、調査・対策後に汚染の残留が判明することは十分にあり得るのです[30]。

対応のポイント

- 土壌汚染調査はあくまでサンプル調査であり、調査の結果汚染が確認されなかった、または確認された汚染について対策を講じた場合であっても、同土地に汚染が残留し、その後の調査によって深刻な汚染が発覚することがあることを理解する。

3 取得した土地から規制対象物質による土壌汚染が発覚するケース

購入した土地から土壌汚染（土対法で規制される特定有害物質等）が発覚し、売買当事者間でトラブルとなる事例は後を絶ちません。当事者間での話し合いがまとまらずに裁判に至る例も多く、著者が担当した事件だけでも数多くの事例が見られます。特に、工場跡地の売買では、ほとんどのケースで地中から土壌汚染が発見され、紛争に至っています。

取引後に購入地の地中から発覚するのは、主に土壌汚染や廃棄物などですが、土壌汚染と一言でいっても様々な有害物質があります。また、廃棄物についても、コンクリートガラや油汚染、その他様々な地中障害物、埋設物等

29　前掲注6　220頁、同注26　432頁。
30　なお、土壌汚染調査の特殊性について言及されたものとして、東京地判令和2年11月18日判例秘書L07532175等も参照。

があります。これらの有害物質や廃棄物は、異なる規制の対象であったり、物質自体の特性が異なったりするため、紛争となった場合の特殊性も変わってきます。

以下、有害物質・廃棄物ごとに、実際に紛争となった事例を紹介します。

1　規制対象物質による土壌汚染と売主の責任[31]

裁判実務上は、環境基準値を超える特定有害物質の存在は、その程度の如何を問わず汚染土地の利用方法が自ずから制限され、汚染の生じていない土地に比して経済的効用は当然低下し、また、土壌の浄化等の措置のための費用支出を強いられることになることなどを理由に、売主が責任を負うべきであると判断されることが一般的です[32]。土対法で規制される特定有害物質などがその典型例です。

また、土対法の規制対象ではありませんが、ダイオキシン類対策特別措置法で規制されるダイオキシン類についても、取引後の汚染の発覚により、売買当事者間でトラブルとなる事例は数多く見られます。ダイオキシン類汚染は、その調査費用や対策費用が一般的な有害物質による土壌汚染の場合よりもかなりの高額となることから、その費用の負担（瑕疵担保責任・契約不適合責任に基づく損害賠償等）をめぐって深刻な紛争となることも多いようです。

> **ケース1-12**　東京地裁平成25年4月・和解事案
> ●東京都内の工場跡地の売買契約に関し、売主が事前に土壌調査を実施していたものの、後に買主による調査によりダイオキシン類による汚染が不規則に点在することが発見されたため、買主が売主に対し、契約の解除や除去費用等の損害賠償として約50億円の支払いを求めた事案。訴訟上での和解が成立した。

31　前掲注6　10、16頁、同注22　317頁、同注26　445頁も参照。
32　東京地判平成18年9月5日判時1973号84頁等。

ケース1-12 では、取引後に発覚したダイオキシン類の除去費用等として50億円もの損害賠償訴訟に発展しています。

2　工場用地として取得した土地の土壌汚染・埋設物と売主の責任

マンション等の居住用建物建設のためではなく、例えば工場・倉庫用地として利用するのであれば、健康被害に配慮する必要性は低いと考えられるかもしれません。しかし、工場用地等として利用する場合であっても工事を行う際に残土処理等の費用が増加し、法令上調査および対策の義務を負担する可能性があることが見込まれること等を理由に、土地の欠陥であると判断された裁判例があります。

> ケース1-13　東京地判平成27年8月7日判タ1423号307頁
> ●土地建物を一般競争入札により買い受けた買主が、対象地中から環境基準値を超過するトリクロロエチレン、水銀、ふっ素、鉛等が発見されたことを理由に、約4億3,950万円の損害賠償を請求した事案。売主に、約9,017万円の賠償責任が認められた。
>
> ケース1-14　東京地判平成20年7月8日判時2025号54頁
> ●土地建物の売買契約締結後に対象地からダイオキシン類、PCB、六価クロム、ふっ素、ほう素による汚染土壌や埋設物が発見されたため、買主が売主に対して瑕疵担保責任等に基づき対策費用等として約6億3,970万円の損害賠償の支払いを求めた事案。売主に、約5億9,000万円の賠償責任が認められた。

ケース1-13、ケース1-14 のいずれも、工場用地として取得された土地における事案ですが、その場合であったとしても、そのことを理由に責任が否定されることにはならないと判断されています。

なお、ダイオキシン類により土壌が汚染されている土地については、対象

地の管轄自治体が公害防止事業（汚染土壌の対策としてきれいな土壌によって埋め立てる事業）を実施することがあります。その場合には、当該ダイオキシン類（公害）の原因となる事業活動を行う事業者らに対して、事業費用の負担を求めることがありますので注意が必要です（公害防止事業費事業者負担法3以下）。この場合、事業者に過失がなかったとしても負担を免れることはできません（無過失責任）[33]。

対応のポイント

- 取引対象地に法律で規制される有害物質が環境基準値を超えて存在した場合、その土地の用途にかかわらず、原則として土地の欠陥として売主の責任が認められることを理解する。

4 取得した土地・建物から規制対象外の物質等による土壌汚染が発覚するケース

1 土壌中・建物中に含有されるアスベストと売主の責任[34]

不動産取引を行った後に、対象建物や土地中からアスベスト汚染やアスベストを含有する廃棄物が発見される例も少なくありません。アスベストについては、土対法やダイオキシン類対策特別措置法のように、土壌中の物質を直接規制する法律はありませんが、廃棄物に含有される形でアスベストがあれば、廃掃法等の規制対象となります。例えば、 ケース1-15 では、土地の購入後に地中から大量のアスベスト含有物（スレート片）が発見され、対象地で物流ターミナル等の建設工事にあたり広範囲にわたって土地を掘削して工事を行うことが予定されていたこと等を理由に約59億円もの損害賠償請

---

33 大塚直『環境法（第4版）』（有斐閣、2020年）733頁参照。
34 前掲注6　10、37頁も参照。

求が認められました。

> **ケース1-15** 東京高判平成30年6月28日判時2405号23頁
> ●物流ターミナルの建設を目的として土地を買い受けたところ、発見されたスレート片がアスベストを含有していたことから、買主がスレート片の撤去処分費用および建設工事が遅れたことに伴う追加費用等約85億509万円等の支払いを求めた事案。売主に、約59億5,278万円の賠償責任が認められた。

また、売買する建物内のアスベストの有無について正確な情報を提供せずに誤った情報を提供していたことを理由に、売主に損害賠償責任が認められた例もあります。

> **ケース1-16** 大津地判平成26年9月18日判例秘書L06950444
> ●滋賀県が実施した土地上の建物の売却公募にあたり、土地上の建物内のアスベストが存在しない旨の記載のある報告書を閲覧に供し、誤った情報を提供したとして、買主が約1億7,990万円等の不法行為の損害賠償の支払いを求めた事案。売主に、契約締結過程における情報提供義務違反が認められた。

> **ケース1-17** 東京高判令和元年5月16日判例地方自治461号58頁
> ●土地建物の売買契約締結後に解体予定の建物にアスベストが残存していたことが判明した等として、買主がアスベスト除去費用等約8,683万円の支払いを求めた事案。アスベストについての説明義務違反が認められるが、売買契約で、原則として買主が自ら対象物件の情報を収集することが求められていたことを考慮して、買主と売主の過失の割合は6割：4割であるとされ、売主に約3,473万円の損害賠償支払い義務が認められた。

ケース1-16、ケース1-17は、建物中に含有されるアスベストについての説明・情報提供を適切に行わなかったことを理由に売主の責任が認められたものです。なお、ケース1-17においては、買主側にも情報収集の責任があることを認めて、買主にも一定の割合で責任を認めています（過失相殺）。

これに対し、契約締結時点における法令の規制や取引実務・調査実務を根拠に、"売買契約の締結当時、建物の取引価格に重大な影響を与える事由であったとは解されない"、"売買契約当時法令上の規制はない"、"売買契約当時の実務的取扱いが確立していたとはいえない"などとして、アスベストに関する売主の説明義務を否定した例もあります（ケース1-18）。

> ケース1-18　東京地判平成24年9月27日判時2170号50頁
> ●破産した会社から購入した土地にアスベストが含まれていたとして、破産管財人に対し、瑕疵担保責任に基づく損害賠償としてアスベスト除去費用相当額の債権約2億3,771万円の確定を求めた事案。土地に含有されていたアスベストが「土壌に含まれることに起因して人の健康に係る被害を生ずるおそれがある」限度を超えて含まれていたとも認められないから、土地に瑕疵があったとはいえないと判断された。

2　規制対象外の物質等による土壌汚染についての考え方

アスベストのように、規制対象外の有害物質（物質自体は何らかの規制対象であるものの、土対法の対象ではないような場合も含む）については、不動産売主の責任（瑕疵担保責任・契約不適合責任等）が否定されることがあります。

最高裁判例においては、「売買契約の当事者間において目的物がどのような品質・性能を有することが予定されていたかについては、売買契約締結当時の取引観念をしんしゃくして判断すべき」であると判示して、契約締結時

を基準として、健康への安全性が広く認知されていたか、法令上規制されていたか等を考慮して、瑕疵といえるかどうかを考えるべきであるとしています[35]。不動産取引時に法令等の規制対象ではない有害物質については、健康への安全性が広く認知されているような場合などを除き、不動産の欠陥としては考えないという裁判所の発想があります（ ケース1-19 等）。

> **ケース1-19** 東京地判平成22年3月26日ウエストロー 2010WLJP-CA03268023
> ● トルエンおよびキシレン（土対法による基準値は定められておらず、水質汚濁に係る人の健康の保護に関連する物質として要監視項目に指定され指針値が設定されている）につき、「人の健康の保護に関連する物質として要監視項目とされているものの、人の健康に影響を及ぼす量やその影響の具体的な内容は、未だ明確ではない。上記各指針値は、これらの物質に関する知見を集積する際の目安として設定されたものにとどまる」として、かかる物質の検出をもって人の生命・身体・健康を損なう危険があったとはいえないと判示して、売主の責任を否定した。

　もっとも、法令の規制対象外の物質であっても、時を経るにつれその危険性の社会的認知や調査・取引実務は進んでいくことから、今後の実務においては売主の責任また工場を操業する企業の責任が、以前よりもより認められやすくなっていく可能性があります。そのため、対象物質の生命・身体への安全性等についての知見や法令での規制の動向（海外の規制も含む）について、適切に確認していく必要があるということに留意すべきです。

35　最判平成22年6月1日民集64巻4号953頁は、「売買契約締結当時、取引観念上、ふっ素が土壌に含まれることに起因して人の健康に係る被害を生ずるおそれがあるとは認識されておらず、…担当者もそのような認識を有していなかったのであり、ふっ素が、それが土壌に含まれることに起因して人の健康に係る被害を生ずるおそれがあるなどの有害物質として、法令に基づく規制の対象となったのは、本件売買契約締結後であった」と判示して、土地売主の責任を否定した。

例えば近時、健康への安全性がある程度認知されながら、日本国内では工場用地からの公共用水域への排出、または地下水への流出拡散や土壌汚染についての規制対象となっていないものとしては、PFAS（PFOS・PFOAなどの工業的に作られる有機ふっ素化合物）などがありますので注意が必要です。

COLUMN 3

PFASについて
①PFASについての規制（令和6年8月末時点）
- ●化審法

　PFOSについては、平成22年に化審法の第一種特定化学物質に指定され、平成30年には全ての用途で製造・輸入等が原則禁止とされた。PFOAについては、令和3年に第一種特定化学物質に指定され、製造・輸入等が原則禁止とされた。なおその後も、令和6年2月にPFHxSが化審法の第一種特定化学物質に指定されるなど改正を繰り返している。

- ●水道法

　水道水管理上注意喚起すべき項目と位置付けられる水質管理目標設定項目として、PFOS・PFOAの和として50 ng/L（暫定目標値）が設定された。

- ●水濁法

　PFOS・PFOAは、令和5年2月1日に水濁法上の「指定物質」（水濁法2④括弧書）に追加されたものの、排水についての排水基準は設定されていない。

- ●環境基本法

　水質環境基準の人の健康の保護に関する「要監視項目」として、法16①に基づき定められた公共用水域の水質汚濁に係る環境上の基準は、1日当たりPFOS・PFOA合算して50 ng/L以下（暫

定指針値)である。

②PFOS・PFOA の健康被害についての知見
- 例えば、環境省「PFOS、PFOA に関する Q＆A 集」[36] では、「どの程度の量が身体に入ると影響が出るのかについてはいまだ確定的な知見はありません」「国内において、PFOS、PFOA の摂取が主たる要因と見られる個人の健康被害が発生したという事例は確認されておりません」と説明している。
- 他方、国際がん研究機関（IARC）は、令和 5 年 11 月 30 日、PFOA をグループ 1（ヒトに対する発がん性について十分な証拠がある場合等）に、PFOS をグループ 2B（ヒトに対する発がん性の可能性について限定的な証拠がある場合等）に分類した旨を公表した。

対応のポイント

- 有害物質が存在した場合には、健康への安全性が広く認知されているか、法令上規制されているか等を考慮して、その時点では法令の規制対象外であっても売主の責任が認められることもあることを理解する。
- 対象物質の生命・身体への安全性等についての知見や法令規制の動向（海外の規制も含む）について、適切に確認していく。

---

36 PFAS に対する総合戦略検討専門家会議「PFOS、PFOA に関する Q＆A 集 2023 年 7 月時点」《https://www.env.go.jp/content/000150400.pdf》。

5 取得した土地から地中障害物・油汚染が発覚するケース

1 地中障害物・埋設物と売主の責任[37]

取得した土地から廃棄物等の地中障害物・埋設物(以下「地中障害物等」)が発見されることにより紛争となる事例もよく見られます。特に、発見された地中障害物等を廃棄物として処理することが必要となる場合、処理費用が高額に及ぶことになります。発見されるものは廃棄物に限らず、石炭ガラ、地中杭等の建物基礎、井戸、臭気土、古墳、埋蔵文化財等があります。

売買契約時点に認識していなかった地中障害物等が後になって大量に発見されると、想定外の処分費用等が必要となるほか、売買対象地上で予定していた建築工事等が中断し事業計画が遅れることによって事業費用が増加することにもなります。著者の経験によれば、賠償額・解決金額が数億円を超えるような事例は多数あり、数十億円に及ぶ事例も少なくありません[38]。そのような土地の所有者ないし売主に対策費用等についての責任(瑕疵担保責任・契約不適合責任に基づく損害賠償等)が認められることがあります。

> **ケース1-11** 神奈川県・平成25年(再掲)
> ● 神奈川県内の市役所敷地での新市庁舎建設工事の過程で、工事に先立ち実施したボーリング調査では確認できなかった鉛やコンクリート基礎などの地中障害物が見つかった事案。建設工事がストップし、新工法を採用したことにより工期が9.7カ月延び、約8億8,300万円の追加費用が必要となる見込みとなった。

---

37 前掲注6 10、27頁。井上治・猿倉健司「建物建築に支障がない地中障害物について土地売主が責任を負うのか」(BUSINESS LAWYERS、2016年4月)《https://www.businesslawyers.jp/practices/125》も参照。
38 地中埋設物の存在その他の理由により地盤不良を生じさせる場合の問題については、猿倉健司「近時増加する地盤不良・基礎不良による大規模建築物の傾斜問題と土地売主・建設業者の責任(前編)」(BUSINESS LAWYERS・2021年1月25日)《https://www.businesslawyers.jp/articles/890》等参照。

> **ケース1-14** 東京地判平成20年7月8日判時2025号54頁（再掲）
> ● 土地建物の売買契約締結後に対象地からダイオキシン類、PCB、六価クロム、ふっ素、ほう素による汚染土壌や埋設物が発見されたため、買主が売主に対して瑕疵担保責任等に基づき対策費用等として約6億3,970万円の損害賠償の支払いを求めた事案。売主に、約5億9,000万円の賠償責任が認められた。
>
> **ケース1-20** 東京地裁平成25年10月・和解事案
> ● 東京都内の製紙工場跡地の売買契約に関し、地中障害物（石炭ガラ、油等）が発見されたため、買主が売主に対し、対策費用等の損害賠償として約80億円の支払いを求めた事案。和解金として売主が20億円を支払う内容の訴訟上の和解が成立した。

　さらに、建物建築の基礎工事の物理的な支障とはならない地中障害物等や、対象地の用途が限定されることのない（また、必ずしも有害性があるわけではない）ような地中障害物等についても、掘削範囲内において地中障害物等の存在により通常土以上の処分費用がかかるということを根拠に売主の責任（瑕疵担保責任・契約不適合責任に基づく損害賠償等）が認められる例（**ケース1-20**）もあります[39]。

2　油汚染と売主の責任[40]

　取引後に、対象地から油汚染が発見される例も多く、油類を扱うガソリンスタンド跡地だけでなく、一般的な工場の跡地からも程度の差はあれ必ずといっていいほど油汚染が発見されます。

39　他に東京地判平成20年3月27日ウエストロー2008WLJPCA03278024参照。
40　前掲注6　10、22頁も参照。

（1）瑕疵担保責任・契約不適合責任に基づく損害賠償

　油汚染については、油臭・油膜がひどい場合であっても、法の規制対象となる特定有害物質（鉛やベンゼン）は検出されなかったり、廃棄物（廃油）に当たるかどうか微妙であったりするケースも多くあります。また、油汚染があったとしても、その土地上に建物を建設するのに支障がないような場合もあります。しかし、油混じり土は、通常の土砂として一般の処分場で扱うことができず、廃棄物として処分せざるを得ないため多額の追加費用が発生するような場合もあります。ケース1-21のように、油汚染によって「マンションの買手に建物ひいては本件土地の安全性、快適性に対する疑念を生じさせ、購買意欲および価格のマイナス要因となる」こと、「その処理に単なる土砂として土砂処分場に搬入処理するときよりも多額の費用がかかる」ことなどを理由に、売主の責任（瑕疵担保責任・契約不適合責任に基づく損害賠償等）が認められる裁判例も見られます。

> **ケース1-21** 東京地判平成14年9月27日判例秘書L05732039
> ●分譲マンション建設用地である売買対象地に油類等や建物の基礎やオイルタンク等の地中障害物が存在したために、買主が、その処理費用等につき瑕疵担保特約に基づく約7,050万円の損害賠償請求をした事案。売主に、障害物撤去・土壌廃棄費用等の損害賠償として約4,594万円の賠償責任を認めた。

（2）説明義務違反に基づく損害賠償

　また、売買契約締結後に、環境基準値を超えるベンゼンその他の土対法で規制されている油汚染の存在が発覚し、土地売主の説明義務違反（油分汚染等に関する事実について事前に説明する義務を怠ったこと）に基づく損害賠償責任が認められた例があります[41]。もっとも、このような説明責任は、売

41　広島高裁岡山支部判平成24年6月28日判例秘書L06720346、岡山地判平成23年5月31日判例秘書L06650259等。

主が汚染の存在を認識していた、または容易に認識することができたという場合にのみ認められます。

 **対応のポイント**

- 取引対象地に、地中障害物等や油汚染が存在した場合、それが地上建物の建築に支障がない場合であっても、売主の責任が認められることがあることを理解する。
- 不動産の取引においては、地中障害物・油汚染も含めた事前調査(デューディリジェンス)を実施することを検討する。特に売主としては、認識している地中障害物等については適切に説明を行ったうえで、契約書に免責条項その他の手当をしておく。

Ⅳ 事業用不動産の賃借に係る紛争リスク

1 賃借建物の賃借人・利用者に健康被害が生じるケース

　所有する建物を、事業上、他社に対して賃借することがありますが、建物に欠陥等があるとテナント（賃借人）との間で、紛争となる例も数多く見られます。

1 賃借建物の環境汚染と賃貸人としての責任

　賃借建物に汚染（有害物質）が存在することが判明すると、建物賃貸人に対して賃借人から、対策工事ないし同工事費用相当額の支払いを求められることがあります[42]。実務上特に問題となるのは、建物内に含有されるアスベストが発覚したケースです。

> **ケース1-22** 東京地判平成27年12月4日判例秘書L07031302
> ● 建物の賃借人が賃貸人に対し、賃貸借契約上の修繕義務に関する合意に基づき、建物から検出されたアスベスト等の対策工事の実施、賃貸人に代わって支払った修繕費用約1,770万円の支払い等を求めた事案。判決は、労安衛法施行令および石綿則が0.1重量％を超えるアスベスト含有物の製造・使用を全面的に禁止しているところ、建物の梁やデッキの各吹付材からこれを超えるアスベスト含有物が検出されたことから、建物の所有者兼賃貸人としてアスベストの飛散防止処置を講じる義務を負うと判断した。

42　前掲注6　10、79頁も参照。

> **ケース1-23** 東京地判平成 21 年4月 30 日判例秘書 L06430159
> ●建物賃貸借契約における賃借人から賃貸人に対し、アスベスト除去工事期間などの説明義務違反、建物にアスベストが存在するために同建物を全く使用収益することができなかったとする賃貸借契約上の債務不履行、賃貸借契約の錯誤無効などの主張がなされた事例。判決では、対象建物にアスベストが用いられている場合、アスベストが人の健康に重大な影響を及ぼす可能性のあることが社会常識となっている昨今、貸主としては、アスベストの存在や調査等により知り得た情報があるのであれば、それを事前に借主に情報提供すべき信義則上の義務があると判断した。

ケース1-22 は、アスベスト等が含有されている建物の賃貸人に、対象物件の修繕義務違反を理由として損害賠償責任が認められたものです。**ケース1-23** では、賃貸人として、建物に含有されるアスベストの存在について説明する義務や、賃貸借契約に基づき通常の用法に従い使用収益させる義務（民法 601）の違反を理由として損害賠償責任が認められています。

2　賃借建物の環境汚染と土地工作物責任

建物の賃貸人は、直接の契約関係にない者との間でも、工作物責任（民法 717①）に基づき、建物内のアスベストに起因して健康被害を受けた者から損害賠償責任の負担を求められるリスクがあります。

> **ケース1-24** 大阪高判平成 26 年2月 27 日判タ 1406 号 115 頁（最判平成 25 年7月 12 日判時 2200 号 63 頁の差戻控訴審）
> ●文房具の販売等を業とする会社が店舗として建物を賃借して営業していたところ、昭和 45 年から平成 14 年まで同店舗で勤務していた取締役店長が、賃借建物内部に吹き付けられたアスベストの粉じん

> に曝露したため悪性胸膜中皮腫に罹患し自殺を余儀なくされたとして、その相続人が建物の所有者兼賃貸人らに対し、工作物責任等に基づいて損害賠償合計約 7,000 万円の支払を求めた事案。賃貸人に、合計約 6,000 万円の賠償責任が認められた。

では、賃借建物内で長期間勤務していた店長がアスベストによって健康被害を受けたこと等を理由に、当該建物の所有者である賃貸人らに賠償責任が認められています。

対応のポイント

- 賃貸している建物に有害物質を含有する部材が使用されている場合、賃貸人がその改修費用や賃借人らに生じた健康被害についての責任を負うことがあることを理解する。
- 建物を賃貸する場合、たとえ設備工事等を予定していない場合であっても、アスベストの含有について一定の範囲で事前調査をし、アスベストの有無を確認することも検討すべきである。

2 賃借地の返還後に地下埋設物が発見されるケース

1 借地返還時の土壌の原状回復責任

不動産の賃借人は、賃借期間の終了後に賃貸期間中に生じた損傷を原状に復して返還する義務を負います（民法 621）。例えば、建物賃貸借では、契約終了時に原状回復を行うことが一般的に行われています。

同様に、土地の賃借人（場合によっては建物の賃借人）も土地の汚染や廃棄物を原状回復する義務を負い、しかもその原状回復義務は地中にも及ぶ可

能性があるということに注意が必要です。例えば、建物建築に際して地中に基礎等を新たに設置した場合には、今後の利用に支障となる杭等を撤去して土地を原状に復して返還することが原則的な対応となります。

このため、賃借した土地上で工場の操業を行っていた場合には、賃貸借終了後に対象地の地中から土壌汚染や廃棄物が発見されると、その処理責任について紛争となります[43]。

> **ケース1-25** 最判平成17年3月10日判時1895号60頁
> ● 土地の賃借人（転貸人）が無断転貸した土地に転借人が大量の産業廃棄物等を埋めたことから、原賃貸人が原賃貸借契約を解除して原状回復を求めた事案。、賃借人（転貸人）の連帯保証人に対し原状回復義務の不履行が認められた。

> **ケース1-26** 東京地判平成19年1月26日判例秘書L06230345
> ● 建物賃貸借契約の終了後、賃貸人が同建物およびその敷地等を売却するに際して工場敷地等の土壌調査をしたところ、六価クロムやシアン等の土壌汚染が検出されたため、売買代金が減額される損害を被ったことを理由に、メッキ工場を経営していた賃借人の原状回復義務の不履行として、汚染土壌の除去等に見込まれる費用相当額約4,300万円の支払いを求めた事案。原状回復義務の不履行が認められた。

> **ケース1-27** 東京地判平成19年10月25日判タ1274号185頁
> ● 賃借した建物を工場として利用し、その間に鉛やトリクロロエチレンを流出させて土壌を汚染したにもかかわらず、工場の廃止後、工場廃止届を提出せず、汚染物質を除去しないで（建物の敷地を）明け渡したことにより、土壌調査費用および土壌汚染対策工事費用相

---

43 前掲注6　10、83頁も参照。

当額の損害を被ったとして、約2,163万円の損害賠償の支払いを請求した事案。原状回復義務の不履行が認められた。

ケース1-25 、 ケース1-26 、 ケース1-27 では、いずれも土壌中の産業廃棄物や汚染物質についても原状回復義務の対象となると判断されています。特に、 ケース1-25 、 ケース1-26 については、土地の賃借人ではなく地上建物の賃借人であっても、土壌中の原状回復をすべきとされていることに注意が必要です。

2 借地で確認された汚染の原因特定

一般に土壌汚染や地中障害物の原因者を確定することは容易ではありません。

同様に、賃貸借終了時点において発見された土壌汚染や地中障害物が賃借人の責任によるものであるのか、または賃貸借開始前から存在していたのかが争われる例も数多く見られます。工場で使用していた特殊な化学物質であれば、その原因者の特定は工場の操業によるものであると判断することは比較的容易ですが、一般的に見られる鉛・ベンゼンや油汚染等はその原因者を特定することが簡単ではありません。

対応のポイント

- 土地の賃借人（場合によっては建物の賃借人）も土地中の汚染や埋設物を原状回復する義務を負うことを理解する。
- 賃貸借終了時点において発見された土壌汚染や地中障害物が賃借人の責任によるものであるのか、または賃貸借開始前から存在していたのかが争われる例が多いことから、賃貸借開始時に土壌調査を行い土地の原状を明確化しておくことも検討する。

3 賃借地の返還時に地中杭・地下工作物を残置するケース

　工場や居住用高層住宅、大型ショッピングセンター等の既存建物の解体時に、地下杭等を抜かずにそのまま存置しようと考える例は多いかと思われます。しかし、その場合、前述のとおり、それが借地上であれば、原状回復義務の対象かどうかという問題があることに加え、残置する地下杭が廃掃法における廃棄物として扱われる可能性があることに注意が必要です[44]。

1　残置される地下杭・工作物が廃棄物として扱われる場合の基準[45]

　日本建設業連合会の『既存地下工作物の取扱いに関するガイドライン』（以下『地下杭ガイドライン』）[46]では、一定の場合に地下工作物を「有用物」として残置することができるとされています。具体的には、次に掲げる①～④の全ての条件を満たすとともに、『地下杭ガイドライン』の「存置する場合の留意事項」に基づく対応が行われる場合は、地下工作物を存置して差し支えないとの見解を示しています。

①存置することで生活環境保全上の支障が生ずるおそれがない。
②対象物は「既存杭」「既存地下躯体」「山留め壁等」のいずれかである。
③地下工作物を本設または仮設で利用する、地盤の健全性・安定性を維持するまたは撤去した場合の周辺環境への悪影響を防止するために存置するものであって、老朽化を主な理由とするものではない。

44　厚生省「廃棄物の処理及び清掃に関する法律の疑義について」（昭和57年6月14日付け環産第21号）は、地下工作物を埋め殺そうとする時点から当該工作物は廃棄物となり法の適用を受けるとの見解を示していた。なお、本通知は平成12年に廃止されており、現在は効力を失っている。
45　猿倉健司「地下杭の残置基準と自治体運用・行政対応の留意点」（牛島総合法律事務所ニューズレター、2023年7月25日）。
46　（一社）日本建設業連合会「既存地下工作物の取扱いに関するガイドライン」（2020年2月）《https://www.nikkenren.com/kenchiku/pdf/underground_guidline.pdf》

④関連事業者および土地所有者は、存置に関する記録を残し、存置した地下工作物を適切に管理するとともに土地売却時には売却先に記録を開示し引き渡す。

　存置の対象となるのは、コンクリート構造体等の有害物を含まない安定した性状のものに限られ、アスベスト含有建材やPCB使用機器などの有害物、これら以外の内装材や設備機器などは全て撤去すべきものとなります。
　「存置する場合の留意事項」の概要は以下のとおりです[47]。

- 既存地下工作物について撤去するか否かを決定するのは当該工作物を所有している発注者もしくは土地所有者である。
- 既存地下工作物を存置する場合においても、石綿含有建材やPCB使用機器などの有害物はもちろんのこと、それ以外の内装材や設備機器などは全て撤去すべきものである。存置の対象となるのは、コンクリート構造体等の有害物を含まない安定した性状のものに限られる。
- 存置する場合は、対象物の図面や記録等を作成し、設計図書とともに発注者および土地所有者が保存することが必要である。併せて他の関係者（設計者、施工会社等）も保存することが望ましい。
- 存置に関する関係者間での打ち合わせ等のやり取りを記録として残すことで、意思決定の過程を明確にする。
- 一部の自治体においては、既存地下工作物を存置する際には存置に関する書類の提出を求めているため、事前に自治体へ確認する。
- 発注者および土地所有者は、設計者または施工会社より提出された記録を、存置物を撤去するまでの期間保持することが必要である。また、存置物の存在は土地売買契約時の重要事項であることから、土地所有者は土地売却時には相手方に説明するとともに、図面等の記録を引き渡す。

47　『地下杭ガイドライン』52頁以下。

- 直ちに新築工事の計画はないが、税務上や土地の有効利用の観点等から、既存建物の上屋を解体することは珍しいことではない。このケースにおいても将来の有用性に鑑み、地盤の健全性・安定性を維持するために存置することは十分考えられる。将来、建築等の土地利用計画が確定した時点で改めて取扱いについて検討することとする。
- 万一、存置した後から生活環境保全上の支障が判明した場合には、行政から撤去命令が出される可能性も考えられるため、存置可能かどうかの判断は慎重に行う。

2　自治体の運用と行政対応の問題点

　地下杭を残置するにあたって行政との協議も必要となります。著者も多くのケースでそのサポートを行ってきましたが、上記のような十分な法的整理・説明ができる場合、これが認められるケースも多く、実際、自治体の運用として例外なく全て撤去という対応はなく、8割近くの自治体が原則撤去としつつも、個別相談に応じるとした自治体も6割を超えます。自治体によって対応が異なり、統一的な判断基準やルールがない状況ですが、地下杭の存置が許容される条件としては、「撤去によって周辺環境や周辺建物等に悪影響」を及ぼす場合、「有用性・有価性（再利用を含む）」が認められる場合をあげる自治体が3割を超えるほか、「技術的に撤去困難」な場合や「引き続き使用・他用途使用」をあげる自治体も比較的多くあります。他方で、「コスト削減・工期短縮のみの理由は不可」とする自治体もあります（『地下杭ガイドライン』5頁）。地下杭の存置が認められる場合でも、届出や存置に関する書類の提出、事前協議を求める自治体もあることから、その手続きを適切に行うことが必要不可欠です。

3　残置する地下杭と不動産取引との関係

　なお、環境省の通知[48]は、上記の基準に従った場合に残置が許容されうることを指摘するのみで、これにより直ちに、当該地下杭について対象地の売買取引における瑕疵・契約不適合、重要事項説明義務、賃貸借契約の終了に

伴う原状回復義務がなくなるわけではないことに注意してください。

　残置した地中杭その他の埋設物について、借地人に撤去義務や撤去費用相当額の損害賠償責任を請求できるかどうかについて紛争となるケースは数多く見られます[49]。実際、 ケース1-28 では、借地人が地中に残置したコンクリート盤について、残置による損害の発生が認められないとして借地人の責任が否定されています。

> ケース1-28　東京地判平成22年8月30日ウエストロー・ジャパン2010WL-JPCA08308015
>
> ● 賃借した土地上で建築工事を行うにあたり地下に底盤コンクリートを設置したにもかかわらず、賃借終了時にこれを撤去しないままに土地を返還したとして、原状回復義務の不履行等を理由に約5,896万円の撤去費用相当額を請求した事案。
> ● 判決では、対象地返還後に底盤コンクリートを撤去することなくマンションの建築工事を完了したことから撤去費用相当額の損害を被っていると認められないこと、将来この撤去費用を支出する相当程度の蓋然性があるとも認められないことなどから賠償責任が否定された。

　このように、地下杭残置については必ずしも明確な解釈基準が設定されているわけではなく、自治体の裁量に委ねられている面があります。また、ある自治体や官庁から問題ない旨の見解が提示されたにもかかわらず、他の機関から当該見解に従った処理が違法であると判断されるといったケースもみられます（前掲 ケース1-2 参照）。

　以上のような事態に備え、行政に対して相談を行うにあたっては、どのよ

48　環境省「第12回再生可能エネルギー等に関する規制等の総点検タスクフォース（令和3年7月2日開催）を踏まえた廃棄物の処理及び清掃に関する法律の適用に係る解釈の明確化について（通知）」（令和3年9月30日付け環循適発第2109301号・環循規発第2109302号）。

49　その他、土地売買における基礎杭の残置等の瑕疵・説明義務違反が否定された例として、東京地判平成24年7月6日判時2163号61頁等も参照。

うな場合に残置が認められるか等の条件を確認し、専門家のアドバイスを踏まえて適切に対応する必要があります。

 対応のポイント

- 建物の解体時に地下杭等をそのまま存置しようと考える場合、廃棄物として扱われないように、環境省の通知やガイドライン等の考え方を踏まえて対応する。
- 行政に相談しても、機関により見解が分かれる場合もあるので、事前に法的整理・説明について専門家に相談のうえで慎重に検討することが必要である。

第2章

事業の各場面における環境法規制のポイントとリスク

Ⅰ 新たに事業所・工場を設置する場面におけるポイントとリスク

1 大規模施設の設置時に環境アセスメントが必要となるケース（環境アセスメント法）

1 規制概要・規制対象（環境アセスメント法）

　大規模な施設を設置しようとする場合にまず問題となるのが、環境アセスメント法です。規模が大きく環境影響の程度が著しいものとなるおそれがある事業の実施にあたり、企業があらかじめ環境アセスメント（環境影響評価）を行う手続について規定するもので、道路、ダム、鉄道、空港、発電所、廃棄物最終処分場等の建設、土地区画整理事業、市街地開発事業、宅地造成事業などで、免許等が必要となる13種類の事業がその対象となります[1]。

　対象となる事業の規模に応じて、第一種事業（必ず環境アセスメントを行う必要のある事業）、第二種事業（環境アセスメントが必要かどうかを個別に判断する事業）に分かれます。令和2年4月以降、太陽光発電所も対象事業に含まれることになりました[2]。

2 環境アセスメント法によるアセスメント手続の概要

　第一種事業・第二種事業で違いはありますが、環境アセスメントのプロセスでは、各段階でその結果を公表し、地域住民や地方自治体などから意見を聴取し、その内容も踏まえて事業計画を確定させていくという流れとなっています[3]（図表1）。

---

[1] 環境省 環境影響評価情報支援ネットワーク「環境アセスメント制度　環境アセスメントガイド」《http://assess.env.go.jp/1_seido/1-1_guide/1-4.html》参照。
[2] 猿倉健司・上田朱音・加藤浩太「バイオマス発電・廃棄物発電事業に関する法規制（概論）－第1回　発電事業の立上げや施設の設置時に問題となる規制」（BUSINESS LAWYERS・2023年6月20日）《https://www.businesslawyers.jp/articles/1294》。

図表1　発電所の環境アセスメントのフロー

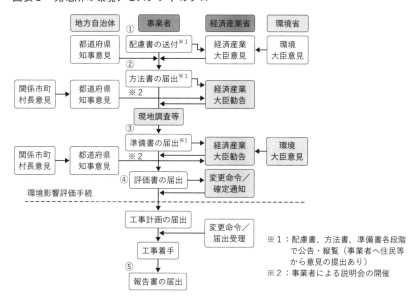

出典：経済産業省「太陽光発電事業に対する環境影響評価手続の創設について」（令和元年12月5日）[4]5頁を基に作成

具体的には、事業者には、図表1の各段階で以下の作成等が求められます。

①**計画段階環境配慮書**の作成
　●実施区域およびその周辺の概況、環境大臣の意見およびそれに対する企業の見解、環境影響評価項目、調査、予測および評価の手法等を内容とする
②**環境影響評価方法書**の作成、公告、縦覧
　●環境影響評価の項目、予測、および評価の手法を内容とする
③**環境影響評価準備書**の作成、公告、縦覧

3　手続きフローの詳細については、経済産業省「発電所に係る環境影響評価の手続フロー図」《https://www.meti.go.jp/policy/safety_security/industrial_safety/sangyo/electric/files/procedure-1.pdf》。前掲第1章注26　312頁、同第1章注33　184頁なども詳しい。
4　https://www.meti.go.jp/shingikai/sankoshin/hoan_shohi/denryoku_anzen/pdf/021_03_00.pdf

- ●環境影響に係る調査・予測・評価、環境保全措置の検討結果を内容とする

④環境影響評価書の作成、許認可権者への送付
- ●意見聴取の結果を踏まえて準備書を見直した結果を内容とする

⑤事業終了後の報告書の作成、報告・公表
- ●工事中に実施した事後調査やそれにより判明した環境状況に応じて講ずる環境保全対策、効果が不確実な環境保全対策の状況等を内容とする

3　条例・ガイドラインにより必要となる手続き

（1）条例で求められる手続き

　さらに複雑なのが、環境アセスメント法とは別途、多くの地方自治体において、条例で環境アセスメント手続きを定めていることです。例えば、太陽光発電事業を例にあげると、環境アセスメント法では対象とはならない小規模の出力であっても、条例では規制対象となっていたり、また、環境アセスメント法のような出力規模による基準ではなく開発区域の面積や土地造成面積により対象となるかどうかを決めたりしている自治体も数多くあります。

　また、求められる手続きも、各条例で独自に定められています[5]（図表2）。

図表2　自治体で求められる手続きと具体例

求められる手続き	具体例
抑制区域・禁止区域の設定	一定以上の面積での事業は不許可
協定の締結	市長への届出・協議（審議会での審議） 市長との協定の締結
届出と許可・同意	市長への届出・同意 市長の許可

---

[5] 山下紀明「太陽光発電の規制に関する条例の現状と特徴」（環境エネルギー政策研究所、2020年12月）《https://www.isep.or.jp/wpdm-package/pv-bylaws》、前掲第1章注33　198頁。

	自治会の同意・協定の締結
	事前協議・住民説明会の実施
廃棄費用の積立	
その他	ガイドライン・要領の整備
	事業区域の適正管理

（2）環境配慮ガイドラインによる手続き

さらに、実務上は、環境省から公表されているガイドラインにも従う必要があります。例えば、「太陽光発電の環境配慮ガイドライン」[6]では、環境アセスメント法や自治体の条例では対象とはならない小規模の事業用太陽光発電施設（10 kW 以上）もその対象としています（図表3）。

図表3　各規制等における対象要件

区　分	対　象
環境影響評価法	第一種：40MW（4万 kW）以上[※1]の太陽光発電事業 第二種：30MW（3万 kW）以上 40MW（4万 kW）未満[※1]の太陽光発電事業
地方公共団体の定める環境影響評価条例	地方公共団体の定める対象要件による
本ガイドライン	環境影響評価法及び環境影響評価条例の対象とならない 10 kW 以上[※2]の事業用太陽光発電施設 （建築物の屋根、壁面又は屋上に設置するものは除く）[※2]

※1：規模要件は、系統接続段階の発電出力ベース（交流）。なお、太陽光発電事業特有の環境影響に関するデータが不足していること、面積と出力の関係についても蓄電池の併設が進むなど抜本的な状況の変化が生じる可能性があることから、制度運用状況も踏まえて5年程度で規模要件の見直しの検討を行うことが適当とされています。

6　環境省「太陽光発電の環境配慮ガイドライン」（令和2年3月）《https://www.env.go.jp/press/files/jp/113712.pdf》。

> ※2：10 kW 未満の施設や、建築物の屋根、壁面又は屋上に設置する施設においても、例えば、反射光について自主的に検討する際に、本ガイドラインに示す影響の検討方法や対策を参考にする、といった形で本ガイドラインを活用することができます。

出典：環境省「太陽光発電の環境配慮ガイドライン」1頁

　「太陽光発電の環境配慮ガイドライン」では、環境配慮における検討項目（チェックリスト）が大きく8項目に分けて規定されており、環境配慮のポイントのほか、地域とのコミュニケーションの方法も意識した内容となっています。なお、ガイドラインに掲載されているチェックリストの項目を実施すれば、太陽光発電施設の設置にあたって実施すべき事項が全て担保されるわけではないことに留意する必要があります（図表4）。

4　環境アセスメント手続きで紛争となった実例

　大規模な開発を行う場合には、法令、条例、ガイドラインで定められる環境アセスメント手続きをいずれも適切に行うことが必要となりますが、実務上問題なのは、それらの内容は様々で複雑であり、定められる手続きを適切に実施することは容易ではないということです。

　さらに、この複雑な手続きに不備があると、アセスメント手続きにおいて意見がなされる地域住民から非難を受ける例も少なくありません。

　 ケース2-1 では、環境アセスメント法で求められる地域住民への説明会等の手続きが法で定められた実施方法に沿ったものかが問題となり、地域住民から激しい抗議がなされています。また ケース2-2 では、環境アセスメントの評価書の誤りを指摘され大きな問題として報道されています。最悪の場合、 ケース2-3 のように、環境アセスメントを実施した結果として計画が中止される場合もあります[7]。

---

[7]　環境アセスメントの不備や許可等の裁量権逸脱に対して提起された民事訴訟・行政訴訟については、前掲第1章注22　400頁、同第1章注26　338頁等参照。アセスメント結果を適切に考慮しなかった場合には、許認可や操業に問題が生じうることが指摘されている（なお、裁量権を逸脱する許可等が争われた事案として、東京高判平成24年10月26日判例秘書L06720557等）。

図表4　太陽光発電に係る環境配慮における検討項目

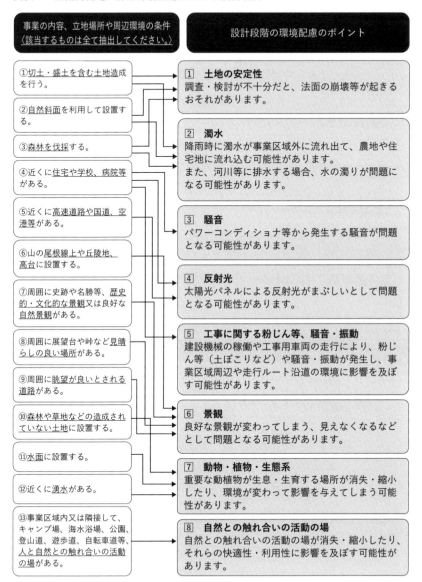

出典：環境省「太陽光発電の環境配慮ガイドライン」13頁を基に作成

ケース2-1 埼玉県・令和3年
- 建設を計画しているメガソーラーについて、地域住民への説明会が環境アセスメント法で定められた実施方法に沿ったといえるものかが問題となり、地域住民から激しい抗議がなされた事例。

ケース2-2 東京都・令和5年
- 大規模再開発計画について、環境アセスメントの評価書に誤りが多数あると指摘され、大きく報道された事例。

ケース2-3 北海道・令和5年
- 環境アセスメントの結果について説明を受けた地域住民から反対意見が出され、環境影響評価準備書を提出した後の段階になって、風力発電施設の設置計画が中止された事例。

対応のポイント

- 大規模な開発を行う場合には、法令、条例、ガイドラインで定められる複雑な環境アセスメント手続きをいずれも適切に行う。
- 周辺住民からの反対をできる限り避けるためにも、チェックリストの活用や専門家への相談を通じて、アセスメント手続の適用対象となるかについての慎重な検討や、住民説明のほか、法令等で求められる手続きについて適切に対応する。

2 環境保全のために工場立地に面積規制がかかるケース（工場立地法）

1 規制概要・規制対象（工場立地法）

　工場立地が環境の保全を図りつつ適正に行われるようにするため、工場立地に関する調査を実施するとともに、工場立地に関する準則等を公表し、これらに基づく勧告、命令等を行うことを目的としたのが工場立地法です。

　製造業・ガス供給業・電気供給業・熱供給業における建築物の建築面積3,000 m^{2}以上、または敷地面積9,000 m^{2}以上の工場を「特定工場」として規制対象としています（法6、施行令2）。

2 生産施設・緑地等面積の割合制限

　特定工場の立地の際には、工場の敷地面積に対する生産施設や緑地等の面積の割合を以下のように定めた準則を遵守することが求められます（法4）。

- 敷地面積に対する生産施設の面積（生産施設面積）の割合の上限：業種により30～65％
- 敷地面積に対する緑地面積の割合の下限：20％
- 敷地面積に対する「環境施設」[8]の面積（環境施設面積）の割合の下限：25％

　ただし、自治体が条例により、準則を定めた場合などは、これらの割合が変更されることがあります（図表5）。

8　緑地およびこれに類する施設で工場・事業場の周辺の地域の生活環境の保持に寄与するもので、噴水、水流、池その他の修景施設、広場、雨水浸透施設、太陽光発電施設等。

図表5　生産施設・緑地等面積の割合制限

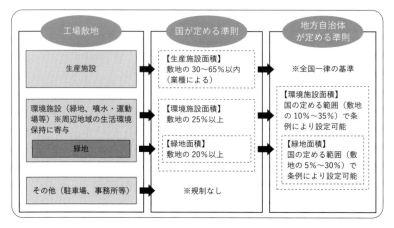

出典：経済産業省「工場立地法の概要」[9] 1頁

3　生産施設面積や緑地の整備状況の届出

特定工場を立地する場合、生産施設面積や緑地の整備状況について届出が求められます（法6）。自治体による特別の判断がない限り、届出受理日から90日間は工事の着工ができません（法11）。

4　罰則・行政処分

届出義務に違反した場合、6月以下の懲役または50万円以下の罰金（両罰規定あり）が科される可能性があります（法16、19）。

また、特定工場の新設の届出において生産施設の面積等に係る届出の内容が準則に適合せず、周辺地域における生活環境の保持に支障を及ぼすおそれがあると認められる場合、勧告や変更命令がなされることがあります（法9、10）。

---

[9] https://www.meti.go.jp/policy/local_economy/koujourittihou/images/202202koujourittihougaiyou.pdf

対応のポイント

●法令や条例により、生産施設や緑地の面積の範囲が決められているため、その範囲内で適切に工場立地を計画したうえで届出を行うことが必要であり、その他の各手続きにも適切に対応する。

3 特定施設の設置、規制地域の開発に届出等が必要となるケース

　工場その他法令上規制される特定施設を設置する場合には、各法規制に基づき、各種の届出等の手続きが必要となる場合があります。

1 各法令に基づく届出義務
（1）大防法に基づく届出
　一般粉じん発生施設・特定粉じん発生施設を新たに設置・構造等の変更を行う場合には、あらかじめ（特定粉じん発生施設の場合は60日前までに）届出を行う必要があります（法18、18の6、18の9）（詳細は本章第Ⅱ節❸参照）。

（2）水濁法に基づく届出
　工場・事業場から公共用水域に汚染水を排出する場合、特定施設を設置する段階で、法令で定める事項を都道府県知事等に届け出ることが必要です（法5①）。届出受理日から60日経過後に工場等を設置することができます（法9）。また、有害物質使用特定施設および有害物質貯蔵指定施設の設置をしようとするときにも、公共用水域への水の排出の有無に関わらず、同様に届出が必要です（法5③）（詳細は本章第Ⅱ節❻参照）。

（3）下水道法に基づく届出
　工場・事業場等に特定施設を設置する場合には、あらかじめ公共下水道管

理者に届出をする必要があります（法12の3）（詳細は本章第Ⅱ節❼参照）。

（4）騒音規制法に基づく届出

　都道府県知事等により、住居集合地域、病院、学校周辺など騒音防止により住民の生活環境を保全する必要があると認められる地域が指定地域として指定されます（法3）。指定地域内において特定施設を設置する場合には、30日前までに設置の届出をすることが必要です（法6）（詳細は本章第Ⅱ節❿参照）。

（5）振動規制法に基づく届出

　都道府県知事等により、住居集合地域、病院、学校周辺など振動防止により住民の生活環境を保全する必要があると認められる地域が指定地域として指定されます（法3）。指定地域内において特定施設を設置する場合には、30日前までに設置の届出をすることが必要です（法6）（詳細は本章第Ⅱ節⓭参照）。

（6）ダイオキシン類対策特別措置法に基づく届出

　ダイオキシン類による環境の汚染防止およびその除去等をするため、必要な規制、汚染土壌に係る措置を定めることを内容とするのがダイオキシン類対策特別措置法です。

　ダイオキシン類を大気中や排出水等として環境中に排出する施設（一定の要件を満たす焙焼炉、焼結炉、溶鉱炉、溶解炉、乾燥炉等）を「特定施設」として定義しています（法2②、施行令1、別表1、2）。「特定施設」を工場または事業場に設置し使用する場合には、設置の60日前までに届出をすることが必要となります（法12、17）。

2　各種規制地域を開発するケース

　そのほか、図表6のように、特定の区域での宅地造成・建築、一定の面積を超える宅地造成等を行う場合には、必要な手続きが求められる場合があることに注意してください。

　なお、必要な手続きを経ずに開発を行ったことを理由に行政処分がなされるケースは数多く公表されています。例えば、**ケース2-4**（森林法違

図表 6　規制地域の開発にかかる法令と規制概要

法令	規制概要
宅造法	宅地造成等工事規制区域内において宅地造成等工事を行うには、許可が必要な場合あり（12①）
都市緑地法	特別緑地保全地区内において工作物の新築、宅地造成等を行うには、許可が必要な場合あり（14①）
首都圏近郊緑地保全法	近郊緑地保全区域内において工作物の新築、宅地造成等を行うには、届出が必要な場合あり（7①）
森林法	地域森林計画対象民有林において立木の伐採等を行うには、届出・許可が必要な場合あり（10の2①、10の8①）
河川法	河川区域内の土地の占用、河川（保全）区域内の工作物の建築等、河川（保全）区域内の掘削・盛土等をするには、許可が必要な場合あり（24、26、27、55）
海岸法	海岸保全区域内・一般公共海岸区域内で工作物を設置、土地の掘削・盛土等をするには、許可が必要な場合あり（7、8、37の4、37の5）
砂防法	砂防指定地内において施設・工作物を建築等するには、許可が必要な場合あり（4）
急傾斜地法	急傾斜地崩壊危険区域内において一定の施設・工作物を設置するには、許可が必要な場合あり（7）
地すべり等防止法	地すべり防止区域内において一定の施設を設置するには、許可が必要な場合あり（18）
土対法	3,000 m^2 以上（有害物質使用特定施設が設置されている事業場においては 900 m^2 以上）の土地の形質変更を行うには、届出が必要な場合あり（4①）

反）[10]、**ケース2-5**（砂防法違反）[11] など指導に従わなかったとして処分等がなされた例があります。

10　千葉県「林地開発行為に係る違反者等の公表について」（更新日：2023年7月13日）《https://www.pref.chiba.lg.jp/shinrin/rinchikaihatsu/ihansha.html》。
11　岐阜県「不適正事案一覧」（更新日：2024年6月28日）《https://www.pref.gifu.lg.jp/page/12963.html》。

> **ケース2-4** 千葉県・令和4年
> ● 森林法による許可を得ず、無許可で土地の形質変更を行い、事業区域外へ土砂等を流出させた事案。県から開発の中止および復旧措置を求める行政指導を行ったが、これらに従わなかったため、中止命令がなされた。

> **ケース2-5** 岐阜県・平成17年
> ● 砂防指定地内行為許可の条件に反した切り土等を実施した事案。防災措置を行うよう指導するも、これに従わなかったため、防災措置工事命令が発令された。

　また、メガソーラー施設を建設する事業計画に対して地域住民から反対運動がなされたことなどを背景に、自治体から開発の許可がなされず、これに対して企業が不許可処分の取消しを求めて訴訟提起がなされる例（**ケース2-6**）も見られます。

> **ケース2-6** 東京高判令和3年4月21日判時2557号109頁、静岡地判令和2年5月22日判時2519号29頁
> ● メガソーラー施設を建設する事業計画に対し、市が事業地内の川に橋を架けることを不許可としたことから、事業者が不許可処分の取消しを求めて訴訟提起をした事案。地裁・高裁いずれも事業者側の請求を認め、処分取消しとした（なお、市の不許可処分に裁量逸脱・濫用があったと判断した地裁に対し、高裁は裁量逸脱はないが手続きの不備があったと判断して取消しを認めた）。

対応のポイント

● 特定の区域での宅地造成・建築、一定の面積を超える宅地造成等を行う場合には、多数の法令にわたり、届出その他の必要な手続きが求められる場合があることを理解し、いずれも適切に対応する。

Ⅱ 工場等の操業中に環境汚染等が問題となる場面におけるポイントとリスク

1 公害負担の大きな施設を設置するケース（公害防止管理者法）

1 規制概要・規制対象（公害防止管理者法）

公害防止の責任者を設置することにより、特定工場における公害防止組織の整備を図るのが公害防止管理者法です。

その対象は、製造業、電気供給業、ガス供給業、熱供給業のいずれかの業種で、特定工場（ばい煙、汚水等、粉じん、ダイオキシン類、騒音・振動を発生する施設）として、以下の工場等です（法2、施行令1〜5の3）。

① 大防法で規定するばい煙発生施設が設置されている工場
② ①以外で工場の排出ガス量が 10,000 Nm^3/h 以上の工場
③ 水濁法で規定する施設が設置されている工場
④ ③以外で工場の排出水量が合計 1,000 m^3/日以上の工場

2 公害防止組織の設置

特定工場を設置している者（特定事業者）は、公害防止組織の整備が求められ、工場の規模等に応じて、公害防止統括者、公害防止管理者、公害防止主任管理者の設置が必要となります（図表7）。

（1）公害防止統括者

常時使用する従業員の数が 20 名以下の場合を除き、公害防止統括者を選任し、選任日から 30 日以内に都道府県知事に届け出ることが必要です（法3①③、施行令6）。

（2）公害防止主任管理者

ばい煙発生施設の排出ガス量の合計 40,000 Nm^3/h 以上でかつ排水施設の排水量の合計 10,000 m^3/日以上の特定工場は、公害防止主任管理者を選任

図表7　公害防止組織の概要

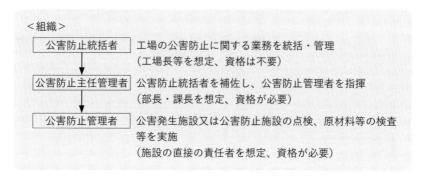

出典：環境省「公害防止管理者法の概要」[12]

し[13]、選任日から30日以内に都道府県知事に届け出ることが必要です（法5①③、施行令9）。2以上の工場について同一の公害防止主任管理者を選任することはできません。

（3）公害防止管理者

公害防止管理者を選任し、選任日から30日以内に都道府県知事に届け出ることが必要です（法4①③）。原則として2以上の工場について同一の公害防止管理者を選任してはならず、それぞれ決められた有資格者のうちから選任しなければなりません。

3　条例による規制

公害防止組織の設置についても、各自治体において別途独自の規制を設けているケースは数多くあります。

例えば、東京都において工場を新たに設置する際には、工事着工の60日前までに認可申請書の提出が必要であり（東京都環境確保条例81、規則30）、

12　https://www.env.go.jp/air/info/pp_kentou/pem01/ref01.pdf
13　公害防止主任管理者は、①公害防止主任管理者試験に合格した者、②大気関係第1種または第3種有資格者であり、かつ、水質関係第1種又は第3種有資格者、③主務省令で定める学歴、実務経験を有するもので指定の講習の課程を修了した者のうちから選任する必要がある（法7①、施行令11）。

規制内容も非常に広範囲に規定されています[14]。国の法令で設置するのとは別途、一定規模以上の工場を設置する場合には、東京都独自の「公害防止管理者」を選任して届け出なければならないものとされています（東京都環境確保条例105、規則48）。東京都公害防止管理者の職務は、おおむね次のとおりです。

- ●公害発生施設の使用方法の監視
- ●測定および記録
- ●緊急時の措置
- ●処理施設の維持管理
- ●作業方法の監督
- ●付近住民に対する応接
- ●行政庁に対する報告

4 罰則・行政処分

公害防止統括者、公害防止管理者または公害防止主任管理者の選任を行わなかった場合には、50万円以下の罰金（両罰規定あり）、選任の届出を行わなかった場合には、20万円以下の罰金（両罰規定あり）が科される可能性があります（法16（1）、17（1）、18）。

対応のポイント

- ●公害負担の大きな施設を設置する場合には、法令で求められる公害防止組織を整備するとともに、自治体の条例により管理者等を設置する必要な場合もあることを理解し、もれなく整備する。

---

14 東京都環境局「環境確保条例（工場に係る規制と手続）」（更新日：2022年1月20日）《https://www.kankyo.metro.tokyo.lg.jp/basic/guide/air/jorei/jorei_kojo/》、同「条例に基づく公害防止管理者制度」（更新日：2024年5月1日）《https://www.kankyo.metro.tokyo.lg.jp/policy_others/pollution_control/pollution_control/300100a20190306110115659/》。

2 ばい煙、粉じん等の飛散防止に関する規制（大防法）

1　規制概要・規制対象（大防法）

　工場および事業場における事業活動に伴うばい煙、揮発性有機化合物および粉じん等の排出等を規制すること等により、大気汚染による健康被害が生じた場合の企業の損害賠償責任について定めているのが大防法です。

　大防法では主に、(a) ばい煙（法2①、3以下）、(b) 揮発性有機化合物（VOC）（大防法2④、17の3以下）、(c) 粉じん（一般粉じんとアスベストなどの特定粉じん）（法2⑦、18以下）、(d) 水銀等（法2⑬、18の26以下）等を規制対象としています（図表8）。

3　工場からばい煙等が飛散するケース（大防法）

　大防法における規制対象のうち、実務上数多く問題となるのがばい煙に関する規制です。以下、その概要について説明します。

1　規制対象（ばい煙規制）[15]

　「ばい煙」とは、物の燃焼等に伴い発生するいおう酸化物、ばいじん（いわゆるスス）、有害物質（（1）カドミウムおよびその化合物、（2）塩素および塩化水素、（3）ふっ素、ふっ化水素およびふっ化けい素、（4）鉛およびその化合物、（5）窒素酸化物）をいいます（法2③、施行令1）。

　ばい煙規制の対象は、ばい煙を発生する施設のうち種類ごとに決められた一定規模以上のボイラーや溶鉱炉等、33項目に当てはまる施設として規定された「ばい煙発生施設」です（法2②、施行令2、別表1）[16]（図表9）。

15　猿倉健司・上田朱音・加藤浩太「バイオマス発電・廃棄物発電事業に関する法規制（概論）－第3回 環境規制として問題となる規制（立上げ時、運用時共通）」（BUSINESS LAWYERS・2023年6月22日）《https://www.businesslawyers.jp/articles/1296》。
16　環境省「ばい煙の排出規制」《https://www.env.go.jp/air/osen/law/t-kise-7.html》。

図表8　大防法で規制されている大気汚染物質

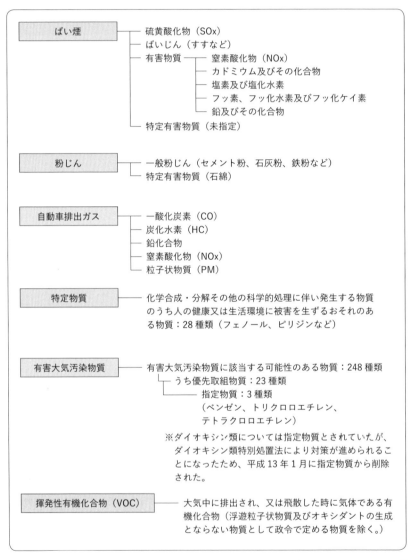

出典：（独法）環境再生保全機構ウェブサイト「大気汚染物質の種類」[17]

17　https://www.erca.go.jp/yobou/taiki/taisaku/01_01.html

図表9　ばい煙発生施設の例（施行令別表1）

項番号	施設の種類	施設の規模
1	ボイラー	燃料の燃焼能力が重油換算で毎時50 L以上
13	廃棄物焼却炉	次のいずれかに該当するもの ● 火格子面積が2 m^{2}以上 ● 焼却能力が毎時200 kg以上
29	ガスタービン	燃料の燃焼能力が重油換算で毎時50 L以上
30	ディーゼル機関	
31	ガス機関	燃料の燃焼能力が重油換算で毎時35 L以上
32	ガソリン機関	

　なお、大防法の改正により、令和4年10月1日以後、「伝熱面積が10 m^{2}以上」かつ「バーナーの燃料の燃焼能力が重油換算で毎時50 L未満」のボイラーは規制対象外となる一方で、バーナーを持たないボイラーのうち「燃料の燃焼能力が重油換算で毎時50 L以上」のボイラーが新たに規制対象となっています。

2　施設設置の際の届出

　ばい煙発生施設（揮発性有機化合物発生施設も同様）を新たに設置・構造の変更を行う場合には、60日前までに届出を行う必要があります（法6、10）。施設が排出基準に適合しないと認められる場合は、受理日から60日以内にばい煙発生施設の構造・使用方法若しくはばい煙の処理方法に関する計画の変更・廃止を命じられることもあります（法9）。

3　排出基準制限

　ばい煙発生施設においては、排出するばい煙量またはばい煙濃度が、排出基準に適合していることが必要となります（法13）。排出基準には、国が定める全国一律の基準だけではなく、図表10のように様々な基準が設定されており、それぞれ対象が異なることに注意が必要です。

図表 10　排出基準の種類

一般排出基準 (大防法 3 ①)	ばい煙発生施設ごとに国が定める全国一律の基準。
特別排出基準 (大防法 3 ③)	大気汚染の深刻な地域において、新設されるばい煙発生施設について適用される。いおう酸化物、ばいじんに対する基準。
上乗せ排出基準 (大防法 4)	一律排出基準、特別排出基準では大気汚染防止が不十分な地域において、都道府県が条例によって定めるより厳しい基準。ばいじん、有害物質に対する基準。
総量規制基準 (大防法 5 の 2)	上記にあげる施設ごとの基準のみによっては環境基準の確保が困難な地域において、大規模工場ごとに適用される基準。硫黄酸化物、窒素酸化物に対する基準。

　なお、公害防止協定などにより、これらとは別途排出基準が設定される場合もありますので、あわせて確認する必要があります。
　また、ばい煙施設から排出されるばい煙量・ばい煙濃度を測定し、結果を記録保存することも求められます（法16）。

4　罰則・行政処分

　ばい煙発生施設設置時の届出義務に違反した場合には、3か月以下の懲役または30万円以下の罰金（両罰規定あり）が科せられる可能性があります（法34（1）、36）。
　排出基準に適合しないばい煙を継続して排出するおそれがあると認められる場合には、ばい煙の処理方法等の改善命令や一時使用停止命令がなされることがあります（法14）。また、排出基準に適合しないばい煙を排出した場合には、6か月以下の懲役または50万円以下の罰金（両罰規定あり）が科される可能性があります（法33の2①（1）、36）。
　ケース2-7では、大手企業において国内複数の工場で、基準値を超過するばい煙を排出し、そのデータを改ざんしていたということが明らかとなり大きく報道されました。

> **ケース2-7** 静岡県など・平成19年
> - 国内複数の工場で、ボイラーのばい煙に含まれる窒素酸化物や硫黄酸化物が基準値を超えていたが、その記録数値データの改ざんがなされた事例。

その他にも、**ケース2-8** など、環境省から多くの違反事例が公表されています[18]。

> **ケース2-8** 環境省の公表事例
> - 発電施設において実施したばいじん濃度測定結果が大防法の排出基準値等を超過していたにもかかわらず、実際の値より低く改ざんし報告していたことが判明した事例。再発防止について行政指導がなされた。

対応のポイント
- 工場・事業場からばい煙等を排出する場合には、事前に届出が必要となるほか、求められる手続き・基準をいずれも遵守する。
- 排出基準は、一律基準のほかにも様々あり、これらをいずれも適切に把握して基準を遵守すること、またそのために継続的に測定をする。

---

18 環境省「大気汚染・水質汚濁に係る主な不適正事案の概要」《https://www.env.go.jp/council/41air-wat/y411-04/ref02.pdf》。

4 工場操業や建築解体工事でアスベスト等の粉じん等が飛散するケース（大防法）

以下では、大防法における規制対象のうち、近時大きな法改正がなされたアスベスト等の粉じんに関する規制について説明します。

1　規制対象（アスベストその他の粉じん規制）

「粉じん」とは、物の破砕やたい積等により発生しまたは飛散する物質をいいます（法2⑦）。このうち、人の健康に被害を生じるおそれのある物質を「特定粉じん」（現在、アスベストを指定）、それ以外の粉じんを「一般粉じん」として定めています（法2⑧）。

「一般粉じん発生施設」とは、大防法（施行令別表2）で指定されているコンベア、堆積場、破砕機・磨砕機、ふるい、コークス炉をいいます（法2⑨、施行令3）。「特定粉じん発生施設」とは、大防法（施行令別表2の2）で指定されているアスベストを扱う解綿用機械、紡織用機械等の施設ですが（法2⑩、施行令3の2）、国内では平成19年度以降全ての施設が廃止されています[19]。

2　粉じん施設の規制

（1）施設設置の際の届出

一般粉じん発生施設・特定粉じん発生施設を新たに設置・構造等の変更を行う場合には、60日前までにあらかじめ届出を行う必要があります（法18、18の6、18の9）。これに対して、求められる基準に適合しないと認められる場合には、計画の変更や施設使用の一時停止等を命じられることがあります（法18の4、18の8）。

19　(独法) 環境再生保全機構「粉じん発生施設」《https://www.erca.go.jp/yobou/taiki/yougo/kw115.html》。

（2）排出基準等の遵守

一般粉じん発生施設については、その種類（破砕機や堆積場等）ごとに、構造・使用・管理に関する基準が定められており、これを遵守する必要があります（法18の3、施行規則16、別表6）。

3 解体工事（特定粉じん排出作業）における規制

（1）特定工事の届出

特定粉じんを排出等するアスベスト含有吹付材やアスベスト含有の保温材、耐火被覆材、断熱材を用いた建物の解体等工事を「特定工事」（法2⑫）といいます。特定粉じん排出作業を行う場合には、発注者または自主施工者が14日前までに届出を行う必要があります（法18の17）。これに対して、求められる基準に適合しないと認められるときには、計画の変更等を命じられることがあります（法18の18）。

（2）特定工事の作業基準

吹付アスベスト等が使用された建築物その他工作物を解体・改造・補修する作業についての作業基準が定められており（法18の14、18の20）、作業基準を遵守していないと認められるときは、作業基準に従うべき基準適合命令や一時使用停止命令がなされることがあります（法18の21）。

（3）特定工事の発注者の義務

注意すべきは、特定工事の発注者（施主）にも、以下のような義務があるということです（法18の15②、18の16①、18の17①）。

①受注者（元請業者）が行うアスベストの事前調査に協力（費用負担、設計図書等の提供）すること。
②対象工事について、自治体に届出をすること。
③受注者（元請業者）に対して、施工方法、工期、工事費等について作業基準の遵守を妨げる条件を付さないよう配慮すること。

また、周辺住民の不安を解消しより安全な解体等工事を進めるため、周辺住民等との間の円滑なリスクコミュニケーションが求められます[20]。

COLUMN 4

各種法令等によるアスベスト規制[21]

アスベストは複数の法律によって規制されている。アスベストを取り扱う労働者の健康確保を目的とする労安衛法等の規制が存在しており、一般環境への汚染防止を目的とする大防法のほか、建築基準法や廃掃法等により建築物の建築、解体・改修の際におけるアスベストの厳格な管理が求められている。

法令名	法令の条文
労安衛法	55、施行令16①（4）（9）等
石綿則	6～10等
じん肺法	2①（3）、施行規則2、別表（24）等
大防法	2⑧（施行令2の4）2⑫等
建築基準法	28の2、別表2（る）①（30）
廃掃法	施行令2の4（5）ト、施行規則1の2⑨、1の3の3、7の2の3等
化管法	施行令別表1（51）

4　法改正によるアスベスト規制の拡大・厳格化

国土交通省の発表[22]によると、アスベスト含有建材が使用されている建物の解体工事は急増しており（令和元年は約6万棟）、そのピークは令和10年前後（約10万棟）であると推計され、今後もアスベスト含有建材を使用している建物の解体等工事が増加することが見込まれます（令和20年でも約

20　説明会等の実施にあたっては、環境省のガイドラインが参考になる（環境省「建築物等の解体等工事における石綿飛散防止対策に係るリスクコミュニケーションガイドライン」（平成29年4月））《https://www.pref.hiroshima.lg.jp/uploaded/attachment/241667.pdf》。
21　猿倉健司「不動産・M&A取引におけるアスベスト・石綿のリスクと実務上の留意点（2020年法改正対応）」（BUSINESS LAWYERS・2020年9月28日）《https://www.businesslawyers.jp/articles/827》。
22　国土交通省「建築物石綿含有建材調査マニュアル」（平成26年11月）3頁《https://www.mlit.go.jp/common/001064663.pdf》。

7万棟）。

このような状況の中、アスベストの飛散防止対策等を目的として、大防法が改正され、令和3年4月から順次施行されています。また、令和2年7月には、石綿則も改正され順次施行されています。大防法と石綿則の改正内容は同様であり、また、大防法と石綿則で規制内容に相違があった点について平仄がとられることになりました[23]（図表11）。

大防法の規制対象を全てのアスベスト含有建材に拡大すること等により、大防法で規制対象となるアスベスト含有建材の除去作業は、改正前の大防法で規制対象となっていたアスベスト含有建材の除去作業（約2万件）から、5～20倍にも増加すると予想されています。

5　罰則・行政処分

報道によれば、大阪市では令和4年度における建物改修・解体工事において立入検査をした3割弱で法律違反が見つかり、あらかじめ指導していたにもかかわらず事前調査の報告を怠った違反も112件に上ったとのことです[24]。

大防法および石綿則に基づく規制に違反した場合には、それぞれ以下の範囲で罰則が適用される可能性があります。

- 大防法：行為者および法人に対して最大で6か月以下の懲役または50万円以下の罰金（大防法33の2①（2）、18の18、36）
- 石綿則：行為者および法人に対して最大で6か月以下の懲役または50万円以下の罰金（労安衛法27①、22（1）、119（1）、112）

23　猿倉健司「建物建設・解体工事におけるアスベストの法規制と建設業者の責任」（AIG損害保険株式会社「ここから変える」2023年5月23日）《https://www.aig.co.jp/kokokarakaeru/management/reparation-risk/construction08》、前掲注21。
24　井部正之「2022年度に大阪市内でアスベスト調査報告怠る違反112件　立ち入り検査した3割弱が不適正」（令和5年12月5日、アジアプレス・ネットワーク）《https://www.asiapress.org/apn/2023/12/japan/asbestos-154/》。

図表 11 大防法・石綿則の令和 2 年改正による主な変更点

	これまでの課題	改正内容
事前調査方法の厳格化	・不適切な事前調査によるアスベスト含有建材の見落とし	・(共通) 一定規模以上等の建築物等について、アスベスト含有建材の有無にかかわらず調査結果の都道府県等への報告の義務付け ・(共通) 調査方法の法定化 ・(共通) 調査に関する記録の作成・保存の義務付け
規制対象の拡大	・規制対象となっていないアスベスト含有形成板（レベル3）の不適切な除去によりアスベストが飛散	・(大防法) 全てのアスベスト含有建材に規制の対象を拡大 ※石綿則では改正前から全てのアスベスト含有建材が規制対象
実効性の強化	・短期間の工事の場合、命令を行う前に工事が終了してしまう	・(大防法) 隔離等をせずに吹付アスベスト等の除去作業を行った場合等の直接罰の創設 ・(大防法) 下請人を作業基準遵守義務の対象に追加 ※石綿則においても、下請人が「事業者」に該当する場合には、作業基準の遵守が必要
	・不適切な作業によるアスベスト含有建材の取り残し	・(共通) 作業結果の発注者への報告の義務付け ・(共通) 作業記録の作成・保存の義務付け

ケース2-9 、 ケース2-10 、 ケース2-11 では、解体工事に際して必要な届出を行わなかったことにより、工事発注者と工事業者に対して行政指導や処分等がなされています。 ケース2-9 については事前調査を実施なかったこと、 ケース2-10 については作業基準を遵守しなかったこともあわせて指摘されています。

> ケース2-9　大阪市・平成29年
> ● 市が発注した煙突施設の解体工事に際して、建材にアスベストが使われているにもかかわらず事前連絡を怠ったことにより、市と職員4名が書類送検された事例。解体業者は、アスベストの有無を事前に調査し、工事発注者に書面で調査結果を報告することをしていなかった。
>
> ケース2-10　さいたま市・令和3年
> ● 高齢者施設の解体工事で、金属製煙突内側の断熱材にアスベストが使われていたにもかかわらず、届出を怠り、また飛散防止措置が講じられないまま作業を実施したことから、作業基準への適合やそれが確認できるまで一時停止を命じられた事例。住民が通報したことによって判明した。
>
> ケース2-11　長野県・令和元年
> ● 私立保育園で、アスベストの飛散が疑われる改修工事が行われたにもかかわらず、事前の調査届出を怠ったとして、工事業者と保育園が行政指導を受けた事例。

対応のポイント

- 工場・事業場から粉じん等を排出する場合には、事前に届け出るとともに、排出基準を遵守し、その他求められる各手続きを実施する。
- アスベストが排出される建物解体工事は、改正法による事前届出やアスベスト調査の実施等、工事業者のみならず工事発注者も必要な手続きをいずれも実施する。

5 条例によりばい煙、粉じん等の規制が求められるケース（大防法）

1 法令とは異なる条例規制（大防法関連条例）

　他の法令と同様に、大防法についても、各自治体が条例の上乗せ基準を設定することがあります。パターンとしては、法令の規制内容の詳細を定めるものや、国の法令規制とは別に独自の規制を定めるものなどがあります。なお、条例ではなく要綱や指針によって別途の規制を設けている例もあります（埼玉県の工場・事業場に係る窒素酸化物対策指導方針等）。

　上乗せ基準に違反した場合、大防法で定める罰則がそのまま適用されることになります。

2 自治体ごとの条例規制の例

（1）東京都環境確保条例

　東京都環境確保条例では大防法の規制対象外となるホルムアルデヒド等についても「有害ガス」として排出濃度規制を行っています（条例2⑪、別表3）。なお、図表12のとおり大防法とは規制対象物質の区分が異なります。

図表12　大気汚染防止法及び環境確保条例の比較

(注)（ ）内は対象物質数

大気汚染防止法			物質名	環境確保条例	
規制の内容	対象施設等	区分		区分	規制の内容
K値規制・総量規制	ばい煙発生施設	ばい煙（7）	いおう酸化物	ばい煙（3）	K値規制・総量規制
排出濃度規制			ばいじん		排出濃度規制・集じん装置設置義務
排出濃度規制・総量規制			窒素酸化物	有害ガス（42）	排出濃度規制
排出濃度規制		有害物質（5）	塩素・塩化水素		
			弗素・弗化水素・弗化珪素（条例は弗素及びその化合物）		
			カドミウム及びびその化合物		
			鉛及びその化合物		
	（有害物質）排出施設	指定物質（3）	ベンゼン		
			トリクロロエチレン		
			テトラクロロエチレン		
			シアン化水素、ホルムアルデヒド、トルエン、キシレン、ヘキサンなど		
排出濃度規制	揮発性有機化合物排出施設	揮発性有機化合物（VOC）	揮発油・灯油・軽油	炭化水素系物質	排出防止設備設置義務
			有機溶剤		
排出濃度規制	水銀排出施設	水銀等	水銀及びその化合物		

出典：東京都環境局「大気汚染・悪臭関係基準集」（令和4年3月）[25] 4頁

（2）千葉県VOC条例

千葉県揮発性有機化合物の排出及び飛散の抑制のための取組の促進に関する条例（VOC条例）[26] では、VOCの年間使用量6t以上の施設設置者に対して、毎年度7月末までに、排出抑制に係る自主的取組計画、取組実績の報告が求められます。この自主的取組計画・実績等は公表されます（VOC条例8、10）。

25　https://www.kankyo.metro.tokyo.lg.jp/documents/d/kankyo/air-standard_collection-files-all.pdf（粉じん規制については、同10頁・表2-6も参照）。
26　千葉県「VOC条例の概要」（更新日：2022年5月2日）《https://www.pref.chiba.lg.jp/taiki/kihatsusei/voc-gaiyou.html》。

(3) 埼玉県生活環境確保条例

　埼玉県生活環境保全条例でも、ばい煙発生施設、粉じん発生施設、揮発性有機化合物（VOC）・炭化水素類発生施設、有害大気汚染物質の規制を行っています[27]。また、例えば大防法の規制対象外とされる小規模の廃棄物焼却炉も、本条例では規制対象とされています（条例49、別表2（1）の表7）[28]。

(4) 愛知県環境保全条例

　愛知県の「県民の生活環境の保全等に関する条例」でも、詳細な規制を設けています。埼玉県と同様に、「ばい煙発生施設」として、伝熱面積が8㎡以上のボイラーなど、大防法では規制対象外となる施設も対象としています（条例2、施行規則4）[29]。

対応のポイント

- 国の法令とは異なる規制が条例等で複雑に規定されており、改正内容も含めてもれなく把握し、自社の施設・作業への影響を確認し、必要な手続きを実施する。

---

[27] 埼玉県「工場・事業場の規制（大気関係）」（掲載日：2024年7月5日）《https://www.pref.saitama.lg.jp/a0504/koujoukisei/koujou-kisei-taiki.html》。

[28] 埼玉県環境部大気環境課「廃棄物焼却炉の規制について」（平成30年10月）《https://www.pref.saitama.lg.jp/documents/5071/3010_syoukyakuro.pdf》。

[29] 愛知県環境局「大気汚染防止便覧」（令和5年4月）《https://kankyojoho.pref.aichi.jp/DownLoad/DownLoad/taikiosenR5.pdf》、愛知県「大気環境対策（大気汚染防止法・県条例関係）」（更新日：2022年7月8日）《https://www.pref.aichi.jp/soshiki/mizutaiki/taikitaisaku.html》。

6 公共用水域に汚染水を排出するケース、地下に浸透し拡散するケース（水濁法）

1 規制概要・規制対象（水濁法）

操業する工場や事業場から特定の有害物質を公共用水域（河川、海など）に排出する場合などに、汚染水の排出や地下への浸透を規制するのが水濁法です。

水濁法は、汚水または廃液を排出する施設で、政令で定めるものを「特定施設」[30]として規制対象としています（法2②、施行令1、別表1）。(a) カドミウム、鉛などの特定有害物質（現在28物質：健康項目）を含む汚水、および、(b) 水素イオン濃度等（生活環境項目）が一定を超える汚水などを特定施設から公共用水域に排出する施設（法2⑥）が対象となります。

2 水濁法で求められる内容[31]

（1）工場等の設置時における届出

工場・事業場（特定施設）から公共用水域に汚染水を排出する場合、特定施設を設置等する段階で、法令で定める事項を都道府県知事等に届け出ることが必要となります（法5①）。届出受理日から60日経過後に工場等を設置することができるようになります（法9①）。また、有害物質使用特定施設および有害物質貯蔵指定施設の設置等をしようとするときにも、公共用水域への水の排出の有無にかかわらず、同様に届出が必要となります（法5③）（図表13）。

これらの届出を怠りまたは虚偽届出をした場合には、3か月以下の懲役または30万円以下の罰金（両罰規定あり）が科される可能性があります（法32、34）。

---

30 東京都環境局「水質汚濁防止法特定施設」（更新日：2020年12月17日）《https://www.kankyo.metro.tokyo.lg.jp/water/pollution/regulation/facilities.html》。
31 前掲注15。

図表 13　水濁法の概要

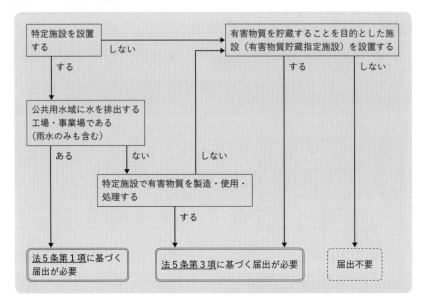

出典：愛知県環境局「水質汚濁防止法のあらまし」（令和 6 年 4 月改正）[32] 5 頁
を基に作成

（2）有害物質の漏洩対策（構造等基準の遵守、定期点検）

　有害物質使用特定施設については、施設の床面・配管等について、定められた構造・設備、使用の方法に関する基準[33]を遵守する義務があります（法 12 の 4）。また、構造・設備、使用の方法（ひび割れ等の有無などを含む）を確認するために定期点検を行い、その結果を記録し 3 年間保存することが必要です（法 14⑤、施行規則 9 の 2 の 2、9 の 2 の 3②、別表 1）。

32　https://kankyojoho.pref.aichi.jp/DownLoad/DownLoad/%E6%B0%B4%E8%B3%AA%E6%B1%9A%E6%BF%81%E9%98%B2%E6%AD%A2%E6%B3%95%E3%81%AE%E3%81%82%E3%82%89%E3%81%BE%E3%81%97(R6.4).pdf
33　例えば、施設を設置している床面から有害物質が浸透しないように、床面全面を不浸透性のコンクリートにするなどの構造等の基準が規定されている。なお、構造等規制は、排水規制とは異なり、汚水および雨水が全量下水道へ排出される事業場であっても対象とされている（東京都環境局「地下水汚染の未然防止対策」（更新日：2022 年 12 月 8 日））。《https://www.kankyo.metro.tokyo.lg.jp/water/pollution/regulation/chikasuiosentaisaku.html》。

基準を遵守していないときは、構造等の改善や施設使用の一時停止等の命令がなされることがあります（法13の３）。

（３）排水基準制限

特定施設を設置する工場・事業場（特定事業場）からの排出水は、事業に利用されたものかどうかを問わず、排水基準に適合していることが必要となります（法12①）[34]。特定有害物質に関する排水基準（健康項目）は、有害物質を含む排水をする特定事業場全てに適用されますが、その他の排水基準（生活環境項目）は、１日の平均的な排水量が50 m³以上の特定事業場にのみ適用されます（排水基準を定める省令別表１、２）[35]。排出水に対する規制基準は、大別すると図表14のとおりです[36]。

排水基準に適合しない排出水を排出した場合は、６月以下の懲役または50万円以下の罰金（過失による場合には、３か月以下の禁錮または30万円以下の罰金）を科せられる可能性があります（法31①（１）、31②、34）。

図表14　排出水に対する規制基準

一律排水基準	全国一律の基準。
上乗せ排水基準	地域・エリアごとの基準であり、47の都道府県全てが条例により法の基準に上乗せ規制を設定。
総量規制基準	別途、環境基準の達成が困難な地域（東京湾、伊勢湾、瀬戸内海）で、一定規模以上の事業場からの汚濁負荷量（COD、窒素およびりん）の許容限度を設定。

34　特定事業場から公共用水域に排水する場合に、この排水規制の対象となる。他方で、終末処理場のある下水道に排水する場合には、下水道は「公共用水域」に該当しないことから、水濁法の排水規制は適用されず、下水道法が適用される。

35　環境省「一般排水基準」《https://www.env.go.jp/water/impure/haisui.html》。ただし、排出量基準を満たさない場合であっても、届出義務はあることに留意すべきである。

36　上乗せ規制と総量規制の関係等の詳細については、前掲第１章注26　363頁も参照。なお、瀬戸内海や湖沼の周辺で操業する事業場には、水濁法の特別法として、瀬戸内海環境保全特別措置法や湖沼法が適用されることがある。前者では、特定施設について届出ではなく許可が必要となるなど特別の規制があるため注意が必要となる（せとうちネット「瀬戸内海環境保全特別措置法に基づく対策」《https://www.env.go.jp/water/heisa/heisa_net/setouchiNet/seto/g2/g2cat03/tokusohou/index.html》）。各特別法の内容については、前掲第１章注33　339、343頁以下が詳しい。

（4）汚染状況等の測定・記録

　特定事業場からの排水等について、排出水等の汚染状態を年 1 回以上測定し、その結果の記録を 3 年間保管することが必要です（法 14①、施行規則 9）。

　これに違反した場合には、30 万円以下の罰金（両罰規定あり）を科される可能性があります（法 33（3）、34）。

（5）漏洩事故時の措置

　特定施設または指定施設の破損その他の事故が発生し、特定事業場や指定事業場等（工場等）から規制対象物質を含む汚水が公共用水域に排出されたり地下に浸透したりすることによって、健康・生活環境への被害を生ずるおそれがあるときは、事故後直ちに応急措置を講ずるとともに、速やかに事故の状況および講じた措置の概要を届け出ることが必要となります（法 14 の 2）[37]。

　事故後の措置を講じなかった場合、応急措置を講ずべき旨の命令（措置命令）がなされる可能性があります。命令に違反した場合は、6 か月以下の懲役または 50 万円以下の罰金（両罰規定あり）が科される可能性があります（法 31①（2）、34）。

3　条例による規制

　国の法令とは別に自治体ごとに条例等によって上乗せ規制があります（図表 14）。例えば、熊本県地下水保全条例[38]では、カドミウム等 23 の対象化学物質を使用する製造業やサービス業等の事業場を指定し、使用管理計画の

---

[37] 指定事業場における指定施設とは、特定有害物質（28 種類）を貯蔵・使用する施設、または、「指定物質」を製造・貯蔵・使用・処理する施設をいう。「指定物質」には、ホルムアルデヒド、水酸化ナトリウム、硫酸、クロロホルム、トルエン、キシレン、鉄、亜鉛およびその化合物のほか、新たに加わった PFOS、PFOA など、約 60 物質が指定されている（東京都環境局「指定物質一覧」《https://www.kankyo.metro.tokyo.lg.jp/documents/d/kankyo/regulation-cat7444-files-shiteir50201》）。特定有害物質のみならず、指定物質についても事故時の措置が必要となるため、注意すべきである。

[38] 熊本県「地下水採取の手続きについて（熊本県地下水保全条例）」（更新日：2020 年 8 月 1 日）《https://www.pref.kumamoto.jp/soshiki/49/5548.html》。

届出を義務付ける（熊本県地下水保全条例8）とともに、対象物質を含む排水の地下浸透を禁止し、排水についても県が定めた特別排水基準の遵守を義務付けています（熊本県地下水保全条例17）。

4 罰則・行政処分

工場から有害物質が漏出し、地下水を経由して周辺土地を汚染した場合には、周辺住民との間で紛争となるリスクがあります（法19の責任については第1章第Ⅲ節❶参照）[39]。

それだけでなく、行政によって漏出の事実が公表され、場合によっては住民説明会を実施するなどして説明をすることが求められます。そのため、企業においては、自社での公表・住民説明会を実施すべきか否か、またその内容について検討することが必要となります（住民説明会を実施する場合の留意点については、第1章第Ⅱ節❺参照）。

その他、以下のとおり、排水基準に違反したことにより行政処分がなされ、また刑事責任を問われるケースも数多く見られます。特に、ケース2-12、ケース2-13では、企業からは、排水施設の設備の不備によるとの説明がなされていますが、その場合でも、行政処分や刑事罰の対象とされていることに注意してください。

> **ケース2-12** 茨城県・令和5年
> ● 水産加工会社の施設排水口から、環境基準を超える汚水（油や廃棄物などの浮遊物有）を海に排出していたことを理由に、水濁法違反の疑いがもたれた事例（企業は、浄化装置を通して排水していたが、浄化しきれなかった可能性があるとの説明をしている）。

> **ケース2-13** 千葉県・令和5年
> ● 製鉄所近くの水路で水が赤く染まり、魚が大量死しているのが見つ

---

39 水質汚濁分野の環境民事訴訟については、前掲第1章注22 199頁等に詳しい。

かったのをきっかけに、基準値を超える量の有害物質シアンの排出が水濁法違反の疑いで、改善指示がなされた事例（事業者は、液体（脱硫液）のタンクに穴が空いていたのが原因との説明をしている）。

> **ケース2-14** 名古屋市・令和5年
> ● 食品リサイクル工場が、排水基準を超える汚水を名古屋港に排出していたとして、水濁法違反により罰金50万円、同社元社長に懲役6か月執行猶予3年の判決が言い渡された事例。

対応のポイント

- 工場・事業場から公共用水域に水を排出する施設の設置時等に、事前の届出や、求められる手続きをいずれも遵守する。
- 「一律排水基準」「上乗せ排水基準」「総量規制基準」のほか特別法の基準など様々な排水基準をいずれも適切に把握して遵守すること、またそのために測定をすることが必要となる。
- 施設に不備があり基準値を超過する排水がなされると、行政処分や刑事罰の対象となることから、汚染水に含まれる物質を把握するとともに定期点検を適切に行う。

7 下水道を使用して工場から排水するケース（下水道法）

1 規制概要・規制対象（下水道法）

公共下水道、流域下水道および都市下水路の設置その他の管理の基準等を定めることを内容とするのが下水道法です。下水道法の規制対象となるのは、工場または事業場から継続して下水を排出して、公共下水道を使用する事業

です[40]。

2 下水道法で求められる内容[41]

(1) 工場等の設置時における届出

工場・事業場等に「特定施設」[42]を設置する場合には、あらかじめ公共下水道管理者に届出（特定施設設置届）をする必要があります（法12の3）。届出が受理された日から60日を経過した後でなければ、特定施設の設置はできません（法12の6）。

また、①1日に最大50㎥以上の量の下水を排出（排除）する場合、または、②一定基準以上の水質の下水を排出する場合には、下水の量・水質・使用開始の時期等を、あらかじめ公共下水道管理者に届け出る（公共下水道使用開始届）必要があります（法11の2、施行令8の2）。

特定施設設置届出義務に違反した場合には、3か月以下の懲役または20万円以下の罰金（両罰規定あり）、公共下水道使用開始届義務に違反した場合には、20万円以下の罰金（両罰規定あり）が科される可能性があります（法47の2、49（1）、50）。

(2) 排除基準制限・水質測定および記録

特定施設の設置者は、下水排除基準等を遵守するとともに、下水の水質の測定も行い、測定結果の記録を5年間保存することが必要となります（法12の12、施行規則15（5））。測定項目やその回数は、図表15のとおりです。

これに違反した場合には、20万円以下の罰金（両罰規定あり）が科される可能性があります（法49（3）、50）。

---

40 河川や海などの公共用水域に排水する場合には、水濁法の排水規制の対象となる。
41 前掲注15。
42 ここでいう「特定施設」とは、継続して下水を排出（排除）して公共下水道を使用しようとする特定施設（水濁法2②）とともに、ダイオキシン類対策特別措置法の水質基準対象施設（法12①（6））を指す。

図表15　下水の測定項目と回数

測定項目	回数
温度	1日1回以上
水素イオン濃度（pH）	1日1回以上
生物化学的酸素要求量（BOD）	14日に1回以上
ダイオキシン類	1年に1回以上
その他の項目	7日に1回以上

（3）漏洩事故時の措置

　特定施設から公共下水道に下水を排出（排除）している場合で、健康被害等のおそれがあるものとして政令で定めるものを含む下水が公共下水道に流入する事故が発生したときは、事業者は直ちに応急の措置を講じるとともに、速やかに、事故状況と講じた措置の概要を公共下水道管理者に届け出る必要があります（法12の9）。

3　罰則・行政処分

　水質基準に適合しない下水を排出する工場・事業場に対しては、排水処理施設の維持管理状況や下水の水質に関して報告徴収（法39の2）や、排水設備、特定施設等の検査（法13）の結果、特定施設から排出される汚水処理方法の改善または特定施設の使用・公共下水道等への下水排出停止の命令（改善命令等）がなされることがあります（法37の2）。改善命令に従わなかった場合、1年以下の懲役または100万円以下の罰金（両罰規定あり）を科せられる可能性があります（法45、50）。

　実際にも、自治体からの指導に従わずに改善命令がなされる例（ ケース2-15 ）や、逮捕・送検される例（ ケース2-16 ）があります。

> **ケース2-15**　東京都・令和4年
> ● 工場から排水基準の170倍のシアン化合物や六価クロムなどを含む汚水を下水道に流していたが、自治体からの改善命令にも従わな

かったとして、水質管理責任者が下水道法違反（排水基準違反）の疑いで逮捕された事例（企業も改善命令違反などの疑いで書類送検）。

ケース2-16 新潟県・令和5年
- 食肉工場から公共下水道に排出された下水について、下水道法および条例に違反し、繰り返し行政指導が行われたにもかかわらず、十分な改善がなされていないとして、改善命令がなされた事例。

対応のポイント

- 工場・事業場から下水道を使用して排水する場合に、適切に対応しないと、行政処分・刑事罰の対象となるため、求められる手続きをいずれも遵守する。特に、自治体からの指導がなされた場合には、適切にその内容に従うことが必要となる。

8 敷地内の土壌汚染に関する規制（土対法）

1 規制概要・規制対象（土対法）

特定有害物質による土壌の汚染の状況の把握に関する措置およびその汚染による人の健康に係る被害の防止に関する措置を定めること等により土壌汚染対策の実施を図るのが、土対法です。

土対法において規制される「特定有害物質」とは、鉛、ひ素、トリクロロエチレンその他の物質（放射性物質を除く）であって、それが土壌に含まれることに起因して人の健康に係る被害を生ずるおそれがあるものとして政令で定めるものをいい（法2）、現在26物質を「特定有害物質」として指定し

ています（施行令1）[43]。特定有害物質は、物質ごとに環境基準値が定められていますが、基準値については何度か見直しがなされており、令和3年4月からは、カドミウム・トリクロロエチレンの土壌の基準値が強化されています[44]。

9 敷地内に新たな工場建設のために広範囲の土壌を掘削するケース（土対法）

1 土壌汚染調査と報告義務
（1）法令に基づき土壌汚染調査・報告義務を負うケース[45,46]

土対法により、土地の所有者等に対して必要な届出、土壌汚染の調査・報告義務が課されています（法3〜5）。調査義務が発生するのは、以下の3つの場合です。

①水濁法上の「特定施設」を廃止する場合（法3）
②3,000 m^2 以上（一定の場合には900 m^2 以上）の土地の形質変更を行った者による事前届出の結果、知事が土壌汚染のおそれありと認定した場合（法4、施行規則22）
③上記のほか、知事が、土壌汚染により人の健康被害が生ずるおそれありと認定した場合（法5）

---

[43] 第一種特定有害物質（揮発性有機化合物）12物質、第二種特定有害物質（重金属等）9物質、および第三種特定有害物質（農薬等）5物質により構成されている。特定有害物質の詳細については、（公財）日本環境協会「土壌汚染対策法の特定有害物質の用途・環境基準等の情報」も参照《http://www.jeas.or.jp/dojo/business/promote/booklet/files/05/10_b.pdf》。
[44] 前掲第1章注6　7頁。規制対象物質が追加された場合や基準値が変更された場合の取扱いについては、同第1章注33　378頁も参照。
[45] 前掲第1章注6　370頁。
[46] 井上治『不動産再開発の法務―都市再開発・マンション建替え・工場跡地開発の紛争予防〔第2版〕』（商事法務、2019年）33頁。

（2）土地の形質変更を行う場合の義務

以下では、実務上最も問題となる土地の形質変更時の調査（法4）を中心に以下説明します。

①事前届出

3,000 m² 以上の範囲の土地の掘削その他の形質変更を行う場合、基本的に、土地の所有者等はその着手の 30 日前までに都道府県知事に必要な届出を行う必要があります（法4①、施行規則22)[47]。

なお、ここで定められている「3,000 m² 以上」とは、実際に土地の掘削等を実施する部分の広さのことであり、対象地の面積のことではありません[48]。

令和元年施行の改正土対法では、現に有害物質使用特定施設が設置されている工場・事業場の敷地、または、使用が廃止された有害物質使用特定施設に係る工場・事業場の敷地の土地の形質の変更にあっては、900 m² 以上の土地の形質変更が対象となりました（施行規則22但書)[49]。この改正によってこれまで対象外であった形質変更（3,000 m² 未満の形質変更）のうち、半数以上の行為について届出の契機を捉えることができると推計されています[50]。

②汚染調査・報告義務

上記の届出がなされ、土壌汚染のおそれがあると認められるときは、土地

---

[47] なお、土地の形質変更にあたる場合であっても、届出が必要ない場合がある（土対法4①、施行規則25、環境省「土壌汚染対策法の一部を改正する法律による改正後の土壌汚染対策法の施行について」（平成31年3月1日付け環水大土発193015号）（第3.2.（2）①)《https://www.env.go.jp/water/dojo/law/kaisei2009/no_1903015.pdf》。

[48] これに対して、形質変更をする部分の面積は 3,000 m² 未満でも、東京都環境確保条例では、3,000 m² 以上の土地で土地の改変を行う際には届出を行うことが義務づけられているので、注意が必要である（東京都環境確保条例117①、規則57）。

[49] 調査義務が一時的に免除されている土地（土対法3①但書）についても、900 m² 以上の土地の形質変更が届出の対象となっている（土対法3⑦、施行規則21の4）。この場合においては、あらかじめ届け出る必要があることとされ（30日前までに届け出ることは不要）、届出があった場合は、都道府県知事は必ず土壌汚染状況調査を命ずることとされている（土対法3⑧）。なお、令和2年度の実績では、廃止申請を行ったうち約74.4％が調査の一時免除となっており、一時免除をされずに調査がなされた事案では約半数から土壌汚染が確認されたとのことである（前掲第1章注26　425頁）。

[50] 中央環境審議会「今後の土壌汚染対策の在り方について（第二次答申）」（平成30年4月3日）4頁《https://www.env.go.jp/press/files/jp/108889.pdf》。

の所有者等に対し、土壌汚染調査・報告の命令がなされることがあります[51][52]。

COLUMN 5

土壌汚染調査・報告義務を負う対象者[53]

(a) 原則として土地所有者が義務を負う

　土壌汚染調査・報告義務を負う者については、土対法では「土地の所有者、管理者または占有者」(法3)と規定されている。対象地が共有されている場合には、共有者全員が土壌汚染調査・報告義務を負うことになる。

(b) 土地所有者以外が土壌汚染調査・報告義務を負う場合

　これに対し、「土地の管理および使用収益に関する契約関係や管理の実態等からみて、土地の掘削等を行うために必要な権原を有する者が、所有者ではなく管理者または占有者である場合」には、当該管理者または占有者が調査報告義務を負うことになる。具体例として、所有者が破産している場合の破産管財人、土地の所有権を譲渡担保により債権者に形式的に譲渡した債務者、工場の敷地の所有権を譲渡した後も引渡しをせずに操業を続けている工場の設置者等があげられるが、その他の場合にも問題となるケースが考えられる。

(c) 土地の賃借人・借地人

　対象地が第三者に賃借され、その第三者が土地上で工場などを操業

51　なお、改正法(令和元年施行)では、土地の形質の変更を行おうとする者が先行して土壌汚染状況調査を実施し、土地の形質の変更の届出とあわせて調査結果を報告することができることになった(環境省 水・大気環境局 土壌環境課「改正土壌汚染対策法について(平成31年4月1日施行)」10頁《https://www.env.go.jp/water/dojo/pamph_law-scheme_0314.pdf》)。
52　環境省水・大気環境局土壌環境課『逐条解説　土壌汚染対策法』(新日本法規、2019年)72頁。
53　環境省「土壌汚染対策法の施行について」(平成15年2月4日付け環水土第20号)(第3.1.(2)①)《https://www.env.go.jp/hourei/06/000024.html》、猿倉健司「土壌汚染の報告・調査義務が生じる場合と義務を負う者-2019年改正土壌汚染対策法対応」(BUSINESS LAWYERS・2020年8月21日)《https://www.businesslawyers.jp/articles/814》。

している場合でも、原則として土地所有者（賃貸人）が調査・報告義務を負うと考えられる[54]。

これに対し、土地の賃貸借契約において、特約で借地人が土地の掘削等を行うために必要な権原を有しているような場合には、当該借地人が調査報告義務を負う場合がある。もっとも、借地契約において、土壌汚染の調査・対策を占有者（借地にある工場の設置者など）が行うという条項が規定されていた場合でも、所有者が土地の掘削等を伴う管理に関する一般的な権原を有している場合には、やはり土地所有者が調査・報告義務を負う可能性がある。そのような場合には、調査の実施や費用負担は借地人が行い、都道府県知事への報告は借地人から調査結果を受け取った土地所有者が行うなどの役割分担とすることも考えられるとされている[55]。

2　自主的な調査に基づく指定申請[56]

近年では法令上調査が義務づけられるケースだけではなく、不動産取引やM&Aに伴い自主的に調査を実施した結果土壌汚染が確認された場合、自ら申し出て区域指定を受けたうえで汚染対策を実施するケースも多くみられます（詳細は次項参照）。

調査義務の対象外の土地で自主調査の結果、土壌汚染が判明した場合は、土対法3～5条に基づく報告義務は基本的にありませんが、土地所有者等が自主的に申請することによって要措置区域・形質変更時要届出区域の指定を受けることは可能です（法14）。

このような申請を自主的に行う意味は、区域指定後に汚染を浄化して指定が解除されれば、きれいに浄化された土地になったというお墨付きが得られるということなどにあると指摘されています。

54　土壌汚染対策研究会編著『改正法対応 Q&A129 土壌汚染対策法と企業の対応』（産業環境管理協会、2010年）51頁。
55　前掲注52　51頁。
56　前掲第1章注6　378頁。

3　条例による規制

　各自治体の定める条例により、独自に土壌汚染調査や対策が求められることがありますが、その内容は土対法とは異なるため注意が必要です。

(1) 届出・調査義務が課される要件が法令とは異なるケース

　例えば、東京都の環境確保条例において、調査義務が発生するのは、以下の2つの場合です。

> ①工場設置者が工場を廃止したり、工場や作業場の全部または一部除去したりしようとする場合（有害物質取扱事業者）(116条)
> ②3,000 m^2 以上の土地の改変（土地の掘削その他土地の造成など）を行おうとする場合（土地の改変者）(117条)

　土対法と東京都環境確保条例では、土壌汚染調査が求められる基準は必ずしも一致しません。例えば、東京都の「117条調査」は3,000 m^2 以上の土地で、土地の切り盛りや掘削など（土地の改変）を行おうとする者に要求される調査ですが、土対法「4条調査」とは異なり、土地の改変を行う面積でなく、対象地の面積が基準となります（都条例施行規則57①）。つまり、対象地の一部だけ土地の改変を行うような場合、改変の対象となる面積は3,000 m^2 未満であっても、その対象地の面積が3,000 m^2 以上であれば届出調査が求められます[57]。

(2) 自主調査でも届出義務が課されるケース

　また、土対法においては、事業者の自主的な調査によって土壌汚染が発見した場合に、届出を義務付けられることはありません。これに対し、条例により自主的な調査の結果の報告を義務付けている自治体（名古屋市「市民の健康と安全を確保する環境の保全に関する条例」、三重県「生活環境の保全に関する条例」等）もあります[58]。

57　前掲第1章注6　377頁。
58　前掲第1章注6　379頁。

地中から発覚した廃棄物や土壌汚染について、報告を求める条例（努力義務の場合も含む）は多く、注意が必要です。

(3) 届出・調査対象物質が法令と異なるケース

さらに、神奈川県生活環境の保全等に関する条例[59]では、特定有害物質のみならずダイオキシン類についてまで規制を拡大し、特定有害物質使用地およびダイオキシン類管理対象地について、土壌調査の実施等の義務を定めています。また、土地の形質変更時の調査で汚染が判明した場合は、事業者が周辺住民に周知する義務もあります（神奈川県条例60の2）。

4 罰則・行政処分

形質変更時の届出義務（法4①）に違反した場合、3か月以下の懲役または30万円以下の罰金が科される可能性があります（法66（2））。また、土壌汚染調査に対する報告命令（法3④、4③、5①）に違反した場合、1年以下の懲役若しくは100万円以下の罰金（両罰規定あり）が科される可能性があります（法65（1）、68）。

実際にも、土対法で求められる届出を怠って土地の開発（形質変更）を行ったことに対し、市民から土対法違反で刑事告発がなされた例（ケース2-17）や、市の職員が書類送検までされ大きく報じられた例（ケース2-18）もあります。

> **ケース2-17** 千葉県・平成26年
> ● 流通業者が、土壌汚染に関して必要な届出を怠って土地の開発（駐車場路盤材（アスファルト舗装）の撤去）を行ったとして、市民から土対法違反で刑事告発がなされた事案。後に、千葉県からの指導を受けて土対法上必要とされる届出がなされ、また不起訴処分となったとのことである。

---

59 神奈川県環境農政局環境部環境課「神奈川県生活環境の保全等に関する条例（土壌汚染関係）の手引き～条例の概要および手続きについて～」（令和5年6月）6、11頁《https://www.pref.kanagawa.jp/documents/14400/tebiki.pdf》。

> **ケース2-18** 広島県・令和2年
> ● 掘削など土地の形質を変える際に必要な届出をしないまま公共工事を実施したとして、市の職員十数人を書類送検した事案。同様のケースが、平成22年度以降で770件以上確認されたとのことである。

対応のポイント

- 自主調査により区域指定申請を行うケースも多いが、地域によってはその結果を届け出る義務があることに注意する。
- 法令と条例では、届出や土壌汚染調査等が求められる要件や手続きが異なることを把握し、それぞれ適切に対応する。

10 敷地内から土壌汚染が確認されるケース（土対法）

1 土壌汚染についての区域指定
（1）要措置区域・形質変更時要届出区域の指定

汚染状態が環境基準に適合せず、かつ汚染により人の健康に係る被害が生じるかまたはそのおそれがある場合には「要措置区域」（特定有害物質によって汚染され、当該汚染による人の健康に係る被害を防止するため汚染の除去、拡散の防止その他の措置を講ずることが必要な区域）に指定されます（法6①）。要措置区域の指定がされた土地の所有者等は、措置命令に基づき汚染除去などの責任を負います（法7）。これに対し、汚染状態が環境基準に適合しないものの、人の健康に係る被害が生じないまたは生ずるおそれがないと認められる場合には、「形質変更時要届出区域」（土地の形質の変更をしようとするときの届出をしなければならない区域）に指定されます（法

11①）。

　そのほか、自主調査によって当該土地で土壌汚染が判明した場合に、都道府県知事等に対し区域指定の申請ができますが（法14①）、その場合にも各区域に指定されることがあります（本節❾参照）。

　これらの各指定区域については、公表されることになります[60]（図表16）。

図表16　土対法のフロー図

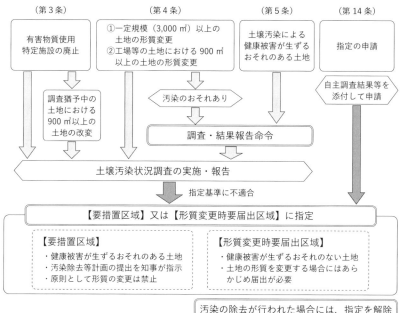

出典：東京都環境局「土壌汚染対策法の概要」[61]

（2）汚染原因者に対する求償

　要措置区域の指定がなされた土地の所有者等が措置命令に基づき汚染除去等を実施した場合、汚染原因者に対して一定の要件のもとに対策費用を求償

60　例えば、東京都環境局「要措置区域等の指定状況」（更新日：2024年8月5日）《https://www.kankyo.metro.tokyo.lg.jp/chemical/soil/law/designated_areas.html》。
61　http://www.kankyo.metro.tokyo.jp/chemical/soil/law/outline.html

することができます（法8①）[62]。もっとも、汚染原因者が、すでに当該指示措置等に要する費用を負担したものとみなされるときは（例えば、措置の実施費用を汚染原因者が土地の所有者等に支払っている場合、土地の所有者が負担する旨の合意がある場合など）、求償はできないとされています[63]。

ただし、土壌や地下水の汚染について、その原因者を特定することは容易ではありません（第1章第Ⅲ節❶参照）。

（3）汚染原因者に対する措置命令

また、要措置区域として指定された土地で、当該土地の所有者以外の者（汚染原因者）の行為によって汚染が生じたことが明らかで、当該汚染原因者に汚染除去等の措置を講じさせることが相当であると認められる場合（かつ、当該土地の所有者等に異議がない場合）には、直接汚染原因者に対して措置を講ずべき旨の指示がなされることがあります（法7①但書）。

2　ダイオキシンによる土壌汚染[64]

ダイオキシン類は、土対法上の規制対象物質ではなく、ダイオキシン類対策特別措置法でこれを規制しています。

環境基準値を超過するダイオキシン類汚染が存在し、これを除去等する必要があると認められる土地については、地方自治体からダイオキシン類土壌汚染対策地域として指定・公告されます（法29①④）[65]。この場合、自治体によってダイオキシン類土壌汚染対策計画として、ダイオキシン類による土壌汚染除去事業の実施その他必要な措置が定められます（法31①②）[66]。ま

62　この求償権は、汚染除去等の措置命令（土対法7①）が出された場合に認められる権利であり、措置命令を経ない場合には、特段の事情のない限り同条項は適用されない（東京地判平成24年1月16日判タ1392号78頁）。なお、過失の立証が不要となる無過失責任である（前掲第1章注26　438頁、同注52　133頁）。

63　環境省「土壌汚染対策法の一部を改正する法律による改正後の土壌汚染対策法の施行について」（平成22年3月5日付け環水大土発第100305002号）47頁《https://www.env.go.jp/hourei/add/f005.pdf》。

64　前掲第1章注6　387頁。

65　対象地が工場または事業場の敷地である場合には、その敷地内に従事者以外の者が立ち入ることができる地域である場合に指定がなされる（従事者だけが立ち入る敷地については、対策地域から除外される。）。

た、自治体において、ダイオキシン類により土壌が汚染されている土地に客土事業（汚染土壌の対策としてきれいな土壌によって埋め立てる事業）を実施した場合には、当該ダイオキシン類（公害）の原因となる事業活動を行う事業者らに対して、公害防止事業費用の負担が求められることがあります（公害防止事業費事業者負担法3以下）[67]。

　以上のとおり、土対法で規制される特定有害物質やダイオキシン類汚染が発見されると区域指定がなされ公告されるほか、土地所有者ないし汚染原因者として法令上その対策費用の負担を求められることがあることから、土地の取得に際してはそのようなリスクがあることを認識しておくべきです。

対応のポイント

- 土対法で規制される特定有害物質やダイオキシン類汚染が発見されると区域指定がなされ、それが公告される場合があることを理解する。
- 土地所有者ないし汚染原因者は法令上その対策費用の負担を求められることがあり、土地の取得に際してはそのようなリスクがあることに注意する。

66　対策計画に基づく事業については、公害防止事業費事業者負担法の規定は、事業者によるダイオキシン類の排出とダイオキシン類による土壌の汚染との因果関係が科学的知見に基づいて明確な場合に適用される（法31⑦）。
67　この場合、企業に過失がなかったとしてもその責任を免れることはできない（無過失責任）（前掲第1章注33　733頁参照）。
　　汚染排出事業者と合併して発足した事業者も、対策費用を負担させることができる「事業者」に含まれることから、M&Aや組織再編に伴いかかる責任を負担する可能性があることには留意が必要である（前掲第1章注5、東京地判令和元年12月26日判例秘書L07430655等）。

11　工場から悪臭が発生するケース（悪臭防止法）

1　規制概要・規制対象（悪臭防止法）

　工場その他の事業場における事業活動に伴って発生する悪臭について必要な規制を行うことを内容とするのが悪臭防止法です。

（1）対象事業所

　悪臭防止法の対象は、都道府県が指定する規制地域内における「工場その他事業場」（以下「事業場」）であり、下水処理場等の悪臭が発生する事業場のみならず、学校や事務所といった様々な事業所が含まれます（法7）。騒音規制法や振動規制法とは異なり、対象施設は限定されません。また、所定の施設を設置しようとする際の届出義務はありません。

（2）規制対象となる悪臭

　規制対象となる悪臭は、悪臭防止法で指定された悪臭物質のほか「その他不快なにおい」が対象となります。香水やお菓子工場のにおいなど、一般的に良いにおいとされる場合であっても、強いにおいであれば悪臭と認定される場合もあります。

2　都道府県等による規制地域の指定と規制基準の設定

（1）2種類の悪臭基準

　都道府県知事等が規制地域を指定し（法3）、当該地域において規制される①特定悪臭物質または②臭気指数の規制基準を定めます（法4）。

> ①特定悪臭物質
> 　不快なにおいの原因となり、生活環境を損なうおそれのあるアンモニアなどの22物質（法2①、施行令1）。対象物質ごとに濃度基準を定めて規制。
>
> ②臭気指数
> 　人間の嗅覚によってにおいの程度を数値化したもので、においの濃度

から一定の計算式で導かれる指標（法2②）。敷地境界線、排出口、排出水それぞれについて基準が定められている。

（2）自治体による基準の設定

　悪臭防止法における2種類の規制基準のいずれを採用するかは自治体が決定しますが、条例が別途独自の規制を行う場合もあります。そのため、悪臭防止法の特定悪臭物質濃度規制と条例の臭気指数規制の両方が適用されることもあります。例えば、千葉県市川市では、悪臭防止法により市内全域を対象に特定悪臭物質規制を課す一方で、市川市環境保全条例により市内全域に臭気指数規制も実施しています[68]（図表17）。

図表17　両方の悪臭基準が適用される例（市川市）

法令等	規制地域	規制対象	規制方式
悪臭防止法	市内全域	工場・事業場	特定悪臭物質（22物質）
市川市環境保全条例	市内全域	工場・事業場	臭気の濃度

　同様に、埼玉県においても、地域ごとに、悪臭防止法によって特定悪臭物質濃度規制または臭気指数規制を、条例によって臭気濃度規制を行っています[69]。

　また、自治体により規制基準が変更されることもあります。特定悪臭物質の規制基準から臭気指数の規制基準に変更された場合、前者の基準を満たしていたとしても後者の基準を満たしていなければ、当該事業場は基準不適合となります。例えば、自治体による規制基準の変更については以下のような例があります。

68　市川市「悪臭について」（更新日：2018年10月24日）《https://www.city.ichikawa.lg.jp/env03/1111000005.html》。
69　埼玉県「悪臭の規制について」（掲載日：2022年1月17日）《https://www.pref.saitama.lg.jp/a0505/akusyu.html》。

> a．大津市：平成 24 年 4 月から「臭気指数規制」に変更[70]
> b．大阪市：平成 18 年 4 月から「臭気指数規制」に変更[71]
> c．山梨県：平成 17 年 2 月から「臭気指数規制」に変更[72]
> d．愛知県：平成 18 年度から地域により「臭気指数規制」に変更[73]

3　悪臭の排出規制

　規制地域内に事業場を設置している場合、当該規制地域についての規制基準（事業場の敷地境界線の地表における規制基準、事業場排出口における規制基準、および排出水の規制基準）を遵守し、特定悪臭物質を一定の濃度以上で排出することはできません（法 7）。

4　罰則・行政処分

　事業場が規制基準に適合せず、そのために住民の生活環境が損なわれていると認められる場合、立入検査がなされ、改善のための勧告や命令がなされることがあります（法 20①②、8①②）。基準違反の是正を求める改善命令に違反すると 1 年以下の懲役または 100 万円以下の罰金が科される可能性があります（法 24）。

　令和 4 年度の悪臭防止法等施行状況調査によれば、悪臭に係る苦情の件数は 12,435 件であったとのことです。悪臭防止法に基づく報告の徴収は 245 件、立入検査は 944 件、悪臭の測定は 73 件で、測定の結果、規制基準を超えていたものは 20 件でした。これに対して、行政指導は 762 件なされています[74]。

---

[70] 大津市「悪臭防止法の規制方法の変更（臭気指数規制の導入）について」（更新日：2018 年 08 月 28 日）《https://www.city.otsu.lg.jp/soshiki/030/1121/g/taiki/1389312483913.html》．

[71] 大阪市「悪臭防止に関する規制」（2024 年 3 月 12 日）《https://www.city.osaka.lg.jp/kankyo/page/0000061015.html》．

[72] 山梨県「臭気指数規制の導入について」《https://www.pref.yamanashi.jp/documents/6062/81360894260.pdf》．

[73] 愛知県「悪臭防止法による悪臭の規制方法の変更について」《https://www.pref.aichi.jp/soshiki/mizutaiki/0000059935.html》．

5　悪臭で紛争となった実例

悪臭等を理由とする賠償責任が認められた例も数多くあります[75]。例えば、ケース2-19 では、周辺住民からの申立等が数多くなされていた中でその責任が認められています。

> **ケース2-19**　名古屋地裁一宮支部判昭和54年9月5日判タ399号83頁
> ●飼肥料製造工場付近の住民59名が工場から排出される悪臭により生活、健康、営業に被害を受けたとして飼肥料製造工場を運営する企業に対して慰謝料の支払を求めた事案。付近住民は行政当局に苦情申立などを繰り返し、行政当局も改善指導、勧告、命令を行ったがほとんど従わなかったこと、悪臭防止法の規制基準に違反していたこと等にも鑑み、飼肥料製造工場から排出された悪臭は社会共同生活上受忍すべき限度を超えるものであるとして不法行為責任が認められた。

対応のポイント

- 周辺住民からの苦情や行政指導がなされることも多いことから、事業場の悪臭が法令・条例の基準を超えることのないように、定期的に測定を行う。
- 悪臭が周辺住民の受忍限度を超えるものであれば、操業の差止や損害賠償等が認められることがあるため、一定の配慮が必要となる場合があることも踏まえた対応が必要となる。

74　環境省「令和4年度悪臭防止法等施行状況調査の結果について」（令和6年2月22日）《https://www.env.go.jp/content/000203222.pdf》。
75　前掲第1章注22　155頁。

12 操業時の騒音が大きくなるケース（騒音規制法）

1 規制概要・規制対象（騒音規制法）

工場および事業場における事業活動並びに建設工事に伴って発生する相当範囲にわたる騒音について必要な規制を行うこと、また自動車騒音に係る許容限度を定めること等を内容とするのが、騒音規制法です（図表18）。

図表18 騒音規制法の規制対象

工場・事業場騒音	建設作業騒音	自動車騒音
指定地域内において特定施設を設置する工場・事業場（特定工場等）を規制対象として規制基準が定められています。	指定地域内において建設工事で行われる作業のうち、特定建設作業を規制対象として、規制基準が定められています。	指定地域内における自動車騒音については要請限度を定め、自動車単体が一定の条件で運行する場合の自動車騒音については許容限度が定められています。

出典：環境省パンフレット「騒音規制法」[76] 2頁を基に作成

事業場の騒音規制の規制対象は、工場または事業場に設置される施設のうち著しい騒音を発生する施設として政令で指定されているもの（「特定施設」）であり（法2①、施行令1、別表1）、例えば、発電設備に付帯する補機で、空気圧縮機および送風機の原動機について定格出力7.5 kW以上のもの、金属加工機械、木材加工機械（チッパー等）などが対象となります。

2 特定施設の設置、騒音発生作業の際の届出

都道府県知事等により、住居集合地域、病院、学校周辺など騒音防止により住民の生活環境を保全する必要があると認められる地域が指定地域として指定されます（法3）。住宅地域はほとんどが指定地域になっています。

指定地域内において特定施設を設置する場合には、30日前までに設置の届出をすることが必要です（法6）。なお、特定施設を設置する工場または

---

76 https://www.env.go.jp/air/noise/souonkiseih-pamphlet.pdf

事業場のことを「特定工場等」といいます（法2②括弧書）。

また、建設作業においても、特定建設作業[77]を行う場合、作業の7日前に市町村長に対して届出をすることが必要となります（法14）。

3　事業場の騒音規制

「特定工場等において発生する騒音の規制に関する基準」[78]をもとに自治体が規制区域を設定しており、各区域における基準を遵守することが求められます（法4、5）（図表19）。

図表19　各区域における騒音規制

区域／時間	昼間	朝・夕	夜間
第1種区域	45～50 デシベル	40～45 デシベル	40～45 デシベル
第2種区域	50～60 デシベル	45～50 デシベル	40～50 デシベル
第3種区域	60～65 デシベル	55～65 デシベル	50～55 デシベル
第4種区域	65～70 デシベル	60～70 デシベル	55～65 デシベル

第1種区域…良好な住居の環境を保全するため、特に静穏の保持を必要とする区域
第2種区域…住居の用に供されているため、静穏の保持を必要とする区域
第3種区域…住居の用にあわせて商業、工業等の用に供されている区域であって、その区域内の住民の生活環境を保全するため、騒音の発生を防止する必要がある区域
第4種区域…主として工業等の用に供されている区域であって、その区域内の住民の生活環境を悪化させないため、著しい騒音の発生を防止する必要がある区域

出典：環境省パンフレット「騒音規制法」3頁を基に作成

また、指定地域内で行われる特定建設作業についても、基準（作業場所の敷地境界で85デシベルを超えないこと）が設定されています（図表20）。

77　くい打ち機や削岩機を使用する等、建設工事として行われる作業のうち、著しい騒音を発生する作業であって政令で定めるものを「特定建設作業」という（法2③）。
78　昭和43年厚生・農林・通商産業・運輸省告示1号。

図表 20　特定建設作業に係る騒音規制

規制の種類／区域	第 1 号区域	第 2 号区域
騒音の大きさ	敷地境界において 85 デシベルを超えないこと	
作業時間帯	午後 7 時～午前 7 時に行われないこと	午後 10 時～午前 6 時に行われないこと
作業期間	1 日あたり 10 時間以内	1 日あたり 14 時間以内
	連続 6 日以内	
作業日	日曜日、その他の休日でないこと	

- ただし、災害や緊急事態により特定建設作業を緊急に行う必要がある場合等は、この限りではありません。

第 1 号区域…良好な住居の環境を保全するため、特に静穏の保持を必要とする区域他
第 2 号区域…指定地域のうちの第 1 号区域以外の区域

出典：環境省パンフレット「騒音規制法」4 頁を基に作成

　さらに、地方公共団体は、特定建設作業以外の作業についても条例で規制することができるとされています（法 27 ②）（本節⓭参照）。

4　罰則・行政処分

　特定工場において発生する騒音が規制基準に適合しないことにより周辺の生活環境が損なわれると認められるときは、騒音防止の方法を改善または特定施設の使用方法・配置変更の勧告がなされることがあります。また、特定建設作業に伴って発生する騒音が規制基準に適合しないことにより周辺の生活環境が著しく損なわれると認められるときも同様に勧告がなされることがあります。勧告に従わないときは、騒音防止の方法の改善または特定施設の使用方法若しくは配置変更が命令されることがあります（法 12、15）。

　改善命令に違反すると、特定施設の騒音に関する改善命令違反の場合には 1 年以下の懲役または 10 万円以下の罰金（両罰規定あり）、特定建設作業の騒音に関する改善命令違反の場合には 5 万円以下の罰金（両罰規定あり）が科される可能性があります（法 29、30、32）。

他方で、特定施設の設置届出を行わなかった場合、5万円以下の罰金（両罰規定あり）が科される可能性があります（法30、32）。

令和4年度の騒音規制法等施行状況調査によれば、騒音に係る苦情の件数は20,436件（建設作業7,736件、工場・事業場5,236件、営業1,946件）であったとのことです。騒音規制法に基づく報告の徴収は104件、立入検査は310件、騒音の測定は153件で、測定の結果、規制基準を超えていたものは61件でした。これに対して、行政指導は360件なされています[79]。

5 騒音で紛争となった実例

周辺住民から、受忍限度を超える騒音等により損害を受けたとして、損害賠償請求訴訟が提起される可能性があります。なお、法令等の規制基準に直接違反しなかった場合（基準違反の記録が十分になかった場合も含む）であっても、周辺住民が受任すべき限度を超えるとしてその責任が認められる場合があるため注意が必要です。

実際にも、騒音等を理由とする賠償責任が認められた例、また工事の差止が認められた例は数多くあります。例えば、ケース2-20 では、敷地境界線上において規制基準を超えている時間帯も相当程度あるものと推認するのが相当であるとして差止を認めています。

> **ケース2-20** 京都地判平成20年9月18日判例秘書L06350411
> ●学校のエアコン室外機が発する騒音が受忍限度を超えているとして、隣地居住者が学校設置者に対して室外機の撤去等を求めた事案。敷地境界線上において規制基準を超えている時間帯も相当程度あるものと推認するのが相当として、50デシベルを超える騒音の到達の差止が認められた。

---

[79] 環境省「令和4年度騒音規制法等施行状況調査の結果について」（令和6年2月22日）《https://www.env.go.jp/content/000203193.pdf》。

> **ケース2-21** 名古屋地判平成9年2月21日判タ954号267頁
> ● 第一種低層住居専用地域にあるスーパー銭湯に来場する自動車等による騒音によって多大の損害を被るとして、建築工事の禁止が認められた事案。

> **ケース2-22** 東京都・平成27年
> ● 地上11階高さ60ｍのテレビ局スタジオの建築が計画されたのに対し、隣接する高校が、景観阻害や大規模工事による騒音などを理由として、都建築紛争予防条例に基づき紛争調停を申し立てた事案。

　その他にも、建築工事による騒音のほか、コンプレッサーによる低周波騒音、金属プレス工場の騒音、製材作業の騒音、業務用乾燥機の低周波音等について、受忍限度を超える騒音であると判断された裁判例があります[80]。特に近時において問題となっているのは、スクラップヤードからの騒音ですが、周辺住民との間で深刻な対立を招くケースも多く、自治体においても規制を強める傾向にあります[81]。

対応のポイント

- 周辺住民からの苦情や行政指導がなされることも多いことから、工場または事業場および特定建設作業の場所の騒音が法令・条例の基準を超えることのないように、定期的に測定を行う。
- 騒音基準を下回る騒音であったとしても、周辺住民との関係で受忍限

---

[80] 前掲第1章注22　156頁、同注46　435頁。
[81] 「『尋常じゃない騒音と臭い…』ナゼ？　ある日突然、住宅街に騒音"ヤード"」日テレNEWS（2023年9月13日）の著者コメント参照《https://news.ntv.co.jp/category/society/df0b82e2ca094a0ab9b696633a1405ec》。猿倉健司「スクラップヤード規制の制定ラッシュに見る自治体対応の留意点」（牛島総合法律事務所ニューズレター、2023年4月14日）《https://www.ushijima-law.gr.jp/client-alert_seminar/client-alert/scrap_yard/》。

度を超えるものであれば、操業の差止や損害賠償等が認められることがあるため、一定の配慮が必要である。

13 操業時の振動が大きくなるケース（振動規制法）

1 規制概要・規制対象（振動規制法）

　工場および事業場における事業活動並びに建設工事に伴って発生する相当範囲にわたる振動について必要な規制を行うこと、また道路交通振動に係る許容限度を定めること等を内容とするのが、振動規制法です。その規制内容や枠組みは、騒音規制法と基本的には同様です（図表21）。

図表21　振動規制法の規制対象

工場・事業場振動	建設作業振動	道路交通振動
指定地域内において特定施設を設置する工場・事業場（特定工場等）を規制対象として規制基準が定められています。	指定地域内において建設工事で行われる作業のうち、特定建設作業を規制対象として、規制基準が定められています。	指定地域内における道路交通振動については、要請限度が定められています。

出典：環境省パンフレット「振動規制法」[82] 2頁を基に作成

　事業場の振動規制の規制対象は、工場または事業場に設置される施設のうち著しい振動を発生する施設として政令で指定されているもの（「特定施設」）であり（法2①、施行令1、別表1）、例えば、発電設備に付帯する補機で空気圧縮機の原動機について定格出力7.5kW以上のもの、金属加工機械、木材加工機械（原動機の定格出力が2.2kW以上のチッパー等）などが対象となります。

82　https://www.env.go.jp/air/shindokisei_panf.pdf

2 特定施設の設置、振動発生作業の際の届出

都道府県知事等により、住居集合地域、病院、学校周辺など振動防止により住民の生活環境を保全する必要があると認められる地域が指定地域として指定されます（法3）。

指定地域内において特定施設を設置する場合には、30日前までに設置の届出をすることが必要です（法6）。なお、特定施設を設置する工場または事業場のことを「特定工場等」といいます（法2②括弧書）。

また、建設作業においても、特定建設作業[83]を行う場合、作業の7日前までに市町村長に対して届出をすることが必要となります（法14）。

3 事業場の振動規制

「特定工場等において発生する騒音の規制に関する基準」[84]をもとに自治体が規制区域を設定しており、各区域における基準を遵守することが求められます（法4、5）（図表22）。

図表22 各区域における振動規制

区域／時間	昼間	夜間
第1種区域	60～65 デシベル	55～60 デシベル
第2種区域	65～70 デシベル	60～65 デシベル

- 昼間及び夜間とは下記の範囲内において都道府県知事や市長・特別区長が定めた時間をいいます。
  昼間　午前5時～午前8時の間から午後7時～午後10時の間まで
  夜間　午後7時～午後10時の間から翌日午前5時～午前8時の間まで
第1種区域…良好な住居の環境を保全するため、特に静穏の保持を必要とする区域及び住民の用に供されているため、静穏の保持を必要とする区域
第2種区域…住居の用に併せて商業、工業等の用に供されている区域であって、その区域内

---

83 くい打ち機や削岩機を使用する等、建設工事として行われる作業のうち、著しい振動を発生する作業であって政令で定めるものを「特定建設作業」という（法2③）。
84 昭和51年環境庁告示90号。

の住民の生活環境を保全するため、振動の発生を防止する必要がある区域及び主として工業等の用に供されている区域であって、その区域内の住民の生活環境を悪化させないため、著しい振動の発生を防止する必要がある区域

出典：環境省パンフレット「振動規制法」3頁を基に作成

　また、指定地域内で行われる特定建設作業についても、基準（作業場所の敷地境界線で75デシベルを超えないこと）が設定されています（図表23）。

図表23　特定建設作業に係る振動規制

規制の種類／区域	第1号区域	第2号区域
振動の大きさ	敷地境界線において75デシベルを超えないこと	
作業時間帯	午後7時〜翌日午前7時に行われないこと	午後10時〜翌日午前6時に行われないこと
作業期間	1日あたり10時間以内	1日あたり14時間以内
	連続6日以内	
作業日	日曜日、その他の休日でないこと	

- ただし、災害や緊急事態により特定建設作業を緊急に行う必要がある場合等においては、この限りではありません。

第1号区域…
- 良好な住居の環境を保全するため、特に静穏の保持を必要とする区域
- 住居の用に供されているため、静穏の保持を必要とする区域
- 住居の用に併せて商業、工業等の用に供されている区域であって、相当数の住居が集合しているため、振動の発生を防止する必要がある区域
- 学校、保育所、病院、患者の収容施設を有する診療所、図書館及び特別養護老人ホームの敷地の周囲おおむね80mの区域内

第2号区域…
　指定地域のうち第1号区域以外の区域

出典：環境省パンフレット「振動規制法」4頁を基に作成

4　条例による規制（騒音規制法、振動規制法）

　他の法令と同様に振動規制法においても、条例による別途規制がありますが、ここでは騒音規制法、振動規制法に対応する条例規制の一例を説明します[85]。

（1）兵庫県環境保全条例

　例えば、兵庫県の「環境の保全と創造に関する条例」では、騒音規制法および振動規制法の定める特定施設以外の施設を規制対象としています（条例43①、施行規則9②、別表6、7）[86]（図表24）。

図表24　兵庫県環境保全条例における規制対象の例

	騒音規制法	兵庫県条例
圧縮機	全てのもの	動力が7.5 kW以上のもの
送風機	原動機の定格出力が7.5 kW以上のもの	動力が3.75 kW以上のもの
木材加工機械（チッパー）	原動機の定格出力が2.25 kW以上のもの	全てのもの

（2）さいたま市生活環境保全条例

　さいたま市生活環境の保全に関する条例では、法律で定められた特定施設に加えて、指定騒音工場、指定振動工場および指定騒音作業を定め、法律と同様の規制を行っています（条例36（9）（10）（11）、別表（5）（6）（9））[87]。また、図表25の3種類の作業場等を設置している場合には、所在

---

[85] その他、愛知県「建設作業騒音・振動の規制のあらまし」《https://www.pref.aichi.jp/kankyo/mizutaiki/car/souon-sindou-akusyuu/kensetsu.pdf》、東京都環境局「建設工事に係る騒音・振動の規制」（更新日：2022年12月1日）《https://www.kankyo.metro.tokyo.lg.jp/noise/noise_vibration/rules/construction_work/》等も参照。

[86] 兵庫県「騒音規制法及び環境の保全と創造に関する条例に基づく特定施設一覧表」《https://www.kankyo.pref.hyogo.lg.jp/application/files/9514/5429/0965/572eb26c8c3d5e225e71384853af9ba5.pdf》、兵庫県「振動規制法及び環境の保全と創造に関する条例に基づく特定施設一覧表」《https://www.kankyo.pref.hyogo.lg.jp/application/files/8314/5429/0965/3e2c7331f43fc7c53051e342e9ad0a7a.pdf》。

[87] さいたま市「工場・事業場等の騒音・振動に関する規制がかかります」（更新日：2023年2月27日）《https://www.city.saitama.lg.jp/001/009/008/p045454.html》。

地の用途地域ごとに騒音と振動に関する規制基準を遵守することが求められます（条例37①（4））。

図表25　さいたま市生活環境保全条例における規制対象作業場等

1	廃棄物、原材料等を保管するために設けられた場所（150 m² 以上であるもの）
2	自動車駐車場（20 台以上駐車できるもの）
3	トラックターミナル

5　罰則・行政処分

　発生する振動が規制基準に適合しないことにより周辺の生活環境が損なわれると認められるときは、振動防止の方法を改善しまたは特定施設の使用方法若しくは配置変更の勧告がなされることがあります。または特定建設作業に伴って発生する振動が規制基準に適合しないことにより周辺の生活環境が著しく損なわれると認められるときも同様に勧告がなされることがあります。勧告に従わないときは、振動の防止方法の改善または特定施設の使用方法若しくは配置変更が命令されることがあります（法12、15）。

　改善命令に違反すると、特定施設の振動に関する改善命令違反の場合には1年以下の懲役または50万円以下の罰金（両罰規定あり）、特定建設作業の振動に関する改善命令違反の場合には30万円以下の罰金（両罰規定あり）が科される可能性があります（法24、25、27）。

　他方で、特定施設の設置届出を行わなかった場合、30万円以下の罰金（両罰規定あり）が科される可能性があります（法25、27）。

　令和4年度の振動規制法等施行状況調査によれば、振動に係る苦情の件数は4,449件（建設作業3,178件、工場・事業場652件、道路交通336件）であったとのことです。振動規制法に基づく報告の徴収は23件、立入検査は44件、振動の測定は13件でした。これに対して、行政指導は520件なされています[88]。

6　振動で紛争となった実例

周辺住民から、受忍限度を超える振動等により損害を受けたとして、損害賠償請求がなされる可能性があります。なお、周辺住民との紛争では、騒音と振動のいずれもを理由に苦情・訴訟提起がなされることが多いことに注意が必要です（詳細は本節⓬参照）。

 対応のポイント

- 周辺住民からの苦情や行政指導がなされることも多いことから、工場または事業場および特定建設作業の場所の振動が法令・条例の基準を超えることのないように、定期的に測定を行う。
- 周辺住民との関係で受忍限度を超えるものであれば、操業の差止や損害賠償等が認められることがあるため、一定の配慮が必要である。

88　環境省「令和4年度振動制法等施行状況調査の結果について」（令和6年2月22日）《https://www.env.go.jp/content/000203253.pdf》。

III 各種の危険から従業員を守るための規制におけるポイントとリスク

事業場でボイラー・機械・化学物質等を使用するケース（労安衛法）

1　規制概要・規制対象（労安衛法）

　労働者の健康と安全を確保するため、危害防止基準の確立、責任体制の明確化等を推進し、また快適な職場環境の形成を促進することを内容とするのが労安衛法です。

　労働災害の防止のために事業者が講ずべき責務を、刑罰をもって規定しています。事業者が行うべき措置等の概略については労安衛法で規定されていますが、一部の事項については政令（労安衛法施行令）で定義され、また、労安衛法で規定された責務の具体的方法等については省令（労安衛生規則等）で規定されています。その種類は多岐にわたり、非常に広範囲をカバーしているのが特徴です（図表 26）。

（1）安全管理体制の確保

　事業者には、業種・規模により、安全衛生管理についての責任者・組織の設置が求められます。以下にその例をあげます（図表 27、28）。

図表 26　労安衛法の概要

```
労働基準法・・・・・・・・・・・・・・・・・・・・・　（法律）
    ├─労働基準法施行規則　・・・・・・・・・・　（省令）
    ├─女性労働基準規則
    └─年少者労働基準規則
労働安全衛生法・・・・・・・・・・・・・・・・・　（法律）
    ├─労働安全衛生法施行令　・・・・・・・・・・　（政令）
    │    ├─労働安全衛生規則　・・・・・・・・・・　（省令）
    │    ├─ボイラー及び圧力容器安全規則
    │    ├─クレーン等安全規則
    │    ├─ゴンドラ安全規則
    │    ├─有機溶剤中毒予防規則
    │    ├─鉛中毒予防規則
    │    ├─四アルキル鉛中毒予防規則
    │    ├─特定化学物質障害予防規則
    │    ├─高気圧作業安全衛生規則
    │    ├─電離放射線障害防止規則
    │    ├─酸素欠乏症等防止規則
    │    ├─事務所衛生基準規則
    │    ├─粉じん障害防止規則
    │    ├─石綿障害予防規則
    │    ├─機械等検定規則
    │    └─労働安全コンサルタント及び労働衛生コンサルタント規則
    └─労働安全衛生法関係手数料令　・・・・・・・・・・　（政令）

じん肺法・・・・・・・・・・・・・・・・・・・・・　（法律）
作業環境測定法
労働者災害補償保険法
健康増進法
```

出典：厚生労働省「労働安全衛生法について」[89] 10 頁

---

[89] https://www.mhlw.go.jp/bunya/roudoukijun/anzeneisei14/dl/100119-1b.pdf

第2章　事業の各場面における環境法規制のポイントとリスク

図表27　安全管理体制の例①

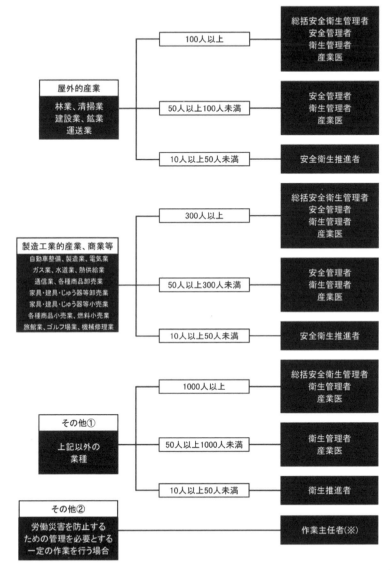

出典：阪神労働保険事務センター「安全衛生管理体制」[90]

90　https://www.hanshin-syaroushi.com/useful-information/safety-and-health-management-system/

図表 28　安全管理体制の例②

管理者	義務	罰則
統括安全衛生管理者	業種・規模の事業場ごとに統括安全衛生管理者を選任し、安全管理者、衛生管理者を指揮して、労働者の危険・健康被害を防止する為の業務を統括管理させる必要がある（法10）。	50万円以下の罰金（両罰規定あり）（法120（1）、122）
安全管理者	業種・規模の事業場ごとに安全管理者を選任し、その者に定められた安全に係る技術的事項を管理させる必要がある（法11、規則4〜6）。	50万円以下の罰金（両罰規定あり）（法120（1）、122）
衛生管理者	労働者50人以上の事業場ごとに衛生管理者を選任し、その者に定められた健康管理や作業環境等の労働衛生に係る技術的事項を管理させる必要がある（法12、施行令4、規則7〜12）。	50万円以下の罰金（両罰規定あり）（法120（1）、122）
衛生推進者、安全衛生推進者	労働者10人以上50人未満の事業場ごとに衛生推進者を選任（全業種）し、労働衛生に係る業務を担当させる必要があり、また、安全管理者を選任すべき特定の業種にあっては、事業所ごとに安全衛生推進者を選任し、安全衛生業務を担当させる必要がある（法12の2、規則12の2〜12の4）。	
作業主任者	政令で定める特定の危険または有害な作業（ボイラー取扱作業、プレス機械作業、木材加工用機械作業、特定化学物質取扱等作業、アスベスト等作業等）については、法定資格を有する者のうちから作業主任者を選任し、その者に労働者の指揮等の事項を行わせる必要がある（法14、施行令6、規則16〜18）。	6月以下の懲役または50万円以下の罰金（両罰規定あり）（法119（1）、122）
安全委員会、衛生委員会	その他、労働者50人以上の事業場においては、安全委員会、衛生委員会を設けることが求められる場合がある（法17、18、施行令8、9）。	50万円以下の罰金（両罰規定あり）（法120（1）、122）

（2）労働者の危険・健康障害を防止するための措置

①事業者の講ずべき措置等

　事業者は、労働者の危険・健康障害を防止するため、下記の措置等を講ずる必要があります（法20〜25）。

- 機械・器具その他の設備、爆発性・発火性・引火性の物等や電気・熱等のエネルギーによる危険を防止するための措置
- 墜落のおそれのある場所、土砂等が崩壊するおそれのある場所等に係る危険を防止するための措置
- 原材料、ガス、蒸気、粉じん、酸素欠乏空気、病原体、放射線、高温、低温、超音波、騒音、振動、異常高圧、排気、排液等による健康障害を防止するための措置
- 労働者の作業行動から生じる労働災害を防止するための必要な措置

②リスクアセスメント

事業者は、建設物・設備・原材料・ガス・蒸気・粉じん等よる危険性・有害性等および作業行動その他業務に起因する危険性・有害性等を調査し、その結果に基づいて労働者の危険・健康障害を防止するために必要な措置を講ずるよう努める必要があります[91]（法28の2、規則24の11～24の12）。なお、一定の化学物質（通知対象物質等：法57の表示対象物および施行令別表9の物質）は、危険性・有害性等の調査（リスクアセスメント）を行う必要があります[92]（法57の3）。

(3) 機械・危険物・有害物に関する規制

①機械等に関する規制

労安衛法においては、以下のような機械等に関する規制があります（法37～40、42、45）。

---

91 労安衛法の化学物質リスクアセスメントは、平成28年6月施行の改正法によって導入された義務である。令和6年4月から令和8年4月に施行される予定の改正法によって、2,900物質以上に増えることが見込まれている（厚生労働省パンフレット《https://www.mhlw.go.jp/content/001093845.pdf》）。

92 リスクアセスメントの実施時期は、①対象物を原材料などとして新規に採用したり、変更したりするとき、②対象物を製造し、または取扱う業務の作業方法や作業手順を新規に採用したり変更したりするとき、③そのほか、対象物による危険性または有害性などについて変化が生じたり、生じるおそれがあるとき（新たな危険有害性が、SDSなどにより提供された場合を含む）（規則34の2の7）。

- 特に危険な作業を必要とするボイラー、クレーン等の機械のうち一定の条件以上の「特定機械等」を製造する者は、労働局長の許可を受ける必要がある。また、製造、輸入する場合には、労働局長等の検査を受ける必要があり、検査証がないと特定機械等の使用や譲渡等ができない。
- 「特定機械等」以外の危険または有害な作業を伴う等の一定の機械等は、法定の規格、安全装置を具備しなければ譲渡、設置等ができない。
- ボイラーその他の機械等は、定期に自主検査を行い、その結果を記録する必要がある（法45、施行令15）。これに違反した場合は、50万円以下の罰金（両罰規定あり）が科される可能性がある（法120（1）、122）。

②危険物および有害物に関する規制

また、以下のような化学物質等に関する規制があります（法55〜57の3）。

- 労働者に重度の健康障害を生じさせる有害物は、原則として、製造、輸入、譲渡、提供、使用ができない。
- 労働者に重度の健康障害を生じさせる有害物の製造者は、厚生労働大臣の許可を受ける必要がある。
- 労働者に健康障害を生じさせるおそれのある危険・有害なものを譲渡または提供する者は、容器または包装に名称、成分、人体に及ぼす作用、取扱い上の注意等を表示し、文書の交付等により相手方に危険性または有害性に関する事項を通知する必要がある。
- 労働者の健康障害を生ずるおそれのある化学物質等を譲渡・提供する者は、譲渡・提供先に安全データシート（SDS）を交付する必要がある。
- 前記のとおり、化学物質のうち、通知対象物質等は、危険性または有害性等の調査（リスクアセスメント）を行う必要がある。

2　相次ぐ化学物質規制の改正

　近時、化学物質管理に関する労安衛法の改正が相次いでいますので、改正内容を常に確認するように留意してください。令和4年5月に行われた改正法（令和4～6年施行）のポイントは、以下のとおりです[93]。

①労働安全衛生規則関係
- リスクアセスメント対象物の製造、取扱いまたは譲渡提供を行う事業場ごとに、化学物質管理者を選任し、化学物質の管理に係る技術的事項を担当させる等の事業場における化学物質に関する管理体制の強化
- 化学物質のSDS（安全データシート）等による情報伝達について、通知事項である「人体に及ぼす作用」の内容の定期的な確認・見直しや、通知事項の拡充等による化学物質の危険性・有害性に関する情報の伝達の強化
- 事業者が自ら選択して講ずるばく露措置により、労働者がリスクアセスメント対象物にばく露される程度を最小限度にすること（加えて、一部物質については厚生労働大臣が定める濃度基準以下とすること）や、皮膚・眼に障害を与える化学物質を取り扱う際に労働者に適切な保護具を使用させること等の化学物質の自律的な管理体制の整備
- 衛生委員会において化学物質の自律的な管理の実施状況の調査審議を行うことを義務付ける等の化学物質の管理状況に関する労使等のモニタリングの強化
- 雇入れ時等の教育について、特定の業種で一部免除が認められていた教育項目について、全業種での実施を義務化

---

[93] 厚生労働省「化学物質による労働災害防止のための新たな規制について」《https://www.mhlw.go.jp/stf/seisakunitsuite/bunya/0000099121_00005.html》、同「労働安全衛生法の新たな化学物質規制　労働安全衛生法施行令の一部を改正する政令等の概要」《https://www.mhlw.go.jp/content/11300000/001083280.pdf》、猿倉健司・上田朱音・加藤浩太「化学物質管理に関する労働安全衛生関連法令の改正（2022年～2024年施行）のポイント」（牛島総合法律事務所ニューズレター、2024年3月13日）《https://www.ushijima-law.gr.jp/client-alert_seminar/client-alert/20240313chemicalmaterials/》。

②有機溶剤中毒予防規則、鉛中毒予防規則、四アルキル鉛中毒予防規則、特定化学物質障害予防規則、粉じん障害防止規則関係
- 化学物質管理の水準が一定以上の事業場に対する個別規制の適用除外
- 作業環境測定結果が第三管理区分の事業場に対する作業環境の改善措置の強化
- 作業環境管理やばく露防止対策等が適切に実施されている場合における有機溶剤、鉛、四アルキル鉛、特定化学物質(特別管理物質等を除く)に関する特殊健康診断の実施頻度の緩和

3 罰則・行政処分

前記のとおり、労働者に健康障害を生じさせるおそれのある危険・有害なものを譲渡・提供する場合には、容器・包装に名称、成分、人体に及ぼす作用、取扱い上の注意等を表示し、文書の交付等により相手方に危険性・有害性に関する事項を通知する必要がありますが(法57)、これを怠った場合には、6月以下の懲役または50万円以下の罰金(両罰規定あり)が科される可能性があります(法119(3)、122)。

また、ボイラーその他の機械等は、定期に自主検査を行い、その結果を記録する必要があり(法45)、これに違反した場合は、50万円以下の罰金(両罰規定あり)が科される可能性があります(法120(1)、122)。

実際にも、ケース2-23のとおり、内部告発によって、労安衛法で求められる自主点検が行われていないことが発覚し、書類送検にまで至った例があります。

> **ケース2-23** 香川県・令和6年
> - 造船業者が、2基のクレーンについて年1回の自主点検を行わず、測定値記録を改ざんしたとして労安衛法違反の疑いで書類送検された。工場に勤務する労働者から労働基準監督署に対して内部告発があり発覚したとのことである。

その他にも、厚生労働省からは、数多くの法令違反の事案が公表されています[94]。

対応のポイント

- 労安衛法で規定される規制対象事業・作業の種類は多岐にわたり、非常に広範囲をカバーしていることに加え、具体的な規制内容は政令や規則等で細かく規定されていることから各規制・手続きを正確に把握する必要がある。
- 各規制で定められる手続きや対象物質は改正されることも多いことから最新の情報を把握し、適切に対応する。

2 危険物貯蔵施設を所有・管理するケース（消防法）

1 規制概要・規制対象（消防法）

火災を予防・警戒・鎮圧し、生命・身体・財産を保護するとともに、火災・地震等の災害による被害を軽減することを目的とするのが消防法です。

消防法が規制する危険物は、第一類～第六類に分けて品目を定めており、例えば、第四類（引火性液体）第一石油類としてガソリンなどがあります（法2⑦、別表1）。燃料等の指定された数量以上の危険物を製造、貯蔵、取り扱う施設（危険施設）が規制の対象となります（製造所、貯蔵所、取扱所）。貯蔵所には屋内外の貯蔵所、タンク貯蔵所、移動タンク貯蔵所（タンクローリー）などがあります。また、取扱所には、給油取扱所（ガソリンスタンド）、販売取扱所、一般取扱所（ボイラー室）が含まれます。

---

94 厚生労働省労働基準局監督課「労働基準関係法令違反に係る公表事案（令和5年7月1日～令和6年6月30日公表分）」（令和6年7月31日）【随時更新】《https://www.mhlw.go.jp/content/001150620.pdf》。

消防法の規制は広範囲に及びますが、以下は、そのうち危険物に関する規制で特に重要な点について説明します。

2　危険物施設の設置許可・完成検査
（1）設置許可・完成検査
　危険物施設を設置する場合には、政令で定めるところにより、製造所、貯蔵所または取扱所ごとに許可を受ける必要があります（法11①）。また、製造所・貯蔵所・取扱所を設置したときは、市町村長等が行う完成検査を受け、位置・構造・技術上の基準[95]に適合することの確認を受けたうえで使用を開始します（法10④、11⑤）。
　これらの規定に違反した場合には、6月以下の懲役または50万円以下の罰金（両罰規定あり）が科される可能性があります（法42①（2）（3）、45（3））。

（2）構造・設備の基準
　製造所・貯蔵所・取扱所において危険物の貯蔵・取扱いをする場合には、政令で定める位置・構造・設備に関する技術上の基準に従う必要があります（法10③④）。
　この規定に違反した場合には、3月以下の懲役または30万円以下の罰金（両罰規定あり）が科される可能性があります（法43①（1）、45（3））。

3　保安体制の整備
（1）危険物保安統括管理者の設置
　指定数量の3,000倍以上となる第四類危険物（引火性の液体）を取り扱う製造所・一般取扱所、および指定数量以上となる取扱いを行う移送取扱所においては、製造所等の所有者・管理者・占有者は、危険物保安統括管理者を

---

[95] 製造所の設置位置に関して、学校、病院、劇場その他多くの人を収納する施設で総務省令で定めるものは、保安距離として30 mの距離を確保することが必要となる。また、敷地外の住宅について10 m以上、高圧ガス施設は20 m以上、35,000ボルトを超える特別高圧架空電線は5 m以上の距離を確保しなければならないなどの制限がある（危険物の規制に関する政令9①（1））。

選任し、これを届け出る必要があります（法12の7①②、危険物の規制に関する政令30の3）[96]。

この規定に違反した場合には、30万円以下の罰金又は拘留が科される可能性があります（法44（8））。

（2）危険物保安監督者の設置

燃料油等が指定数量以上貯蔵されている場合は、製造所等の所有者・管理者・占有者は、原則として、製造所、屋外タンク貯蔵所、給油取扱所、移送取扱所ごとに危険物保安監督者を選任し、届け出る義務があります（法13①②、危険物の規制に関する政令31の2）[97]。

この規定に違反した場合には、6月以下の懲役または50万円以下の罰金（両罰規定あり）が科される可能性があります（法42①（6）、45（3））。

なお、これとは別途、学校、病院、工場等の一定の防火対象物においても、防火管理者を設置し、届け出ることも求められます（法8①②）。

（3）予防規程の整備

指定数量一定倍数以上の危険物を取り扱う製造所、屋内貯蔵所、屋外タンク貯蔵所、屋外貯蔵所、一般取扱所、また全ての給油取扱所、移送取扱所においては、総務省令で定める事項について予防規程を定め、市町村長等の認可を受ける必要があります（法14の2、危険物の規制に関する政令37）。

この規定に違反した場合には、6月以下の懲役または50万円以下の罰金（両罰規定あり）が科される可能性があります（法42①（8）、45（3））。

4　条例による規制（火災予防条例）

消防法は基本的事項を規定していますが、技術基準や行政手続きの細目等

---

[96] なお、危険物保安統括管理者に危険物取扱者等の資格は必要ではない。
[97] 危険物保安監督者は、甲種危険物取扱者または乙種危険物取扱者で、製造所等において6か月以上危険物取扱いに従事している者である必要がある（法13①）。危険物保安監督者の業務は、取扱作業が技術上の基準および予防規程等の保安規定に適応するよう作業者に対して指示を行うこと、危険物施設保安員の業務を行うこと、火災等の災害防止に関して当該製造所等に隣接する製造所等その他の施設関係者との間に連絡を行うこと等である（危険物の規制に関する規則48）。

については、政省令、市町村条例（火災予防条例等）に委任しています。

- ●消防法
  消防機関の活動や権限、消防設備等の設置や義務、規制などについて、基本的な事項を定めている。
- ●消防法施行令（政令）
  消防法施行のための政令で、消防用設備に関する技術基準、救急業務、消防設備に関する検査等が定められている。
- ●消防法施行規則（省令）
  消防法施行に必要な防火・防災管理者、消防計画等の届出、消防用設備等の設置、維持の技術上の基準、検査、点検等が詳細に定められている。
- ●危険物の規制に関する政令・危険物の規制に関する規則
  消防法のうち、危険物の部分について、必要な規定が定められている。
- ●（市町村）火災予防条例
  火災の予防に関する事項のうち、消防法の委任を受けたものや、地域の事情により必要とされるもの、自主的に安全性効能のため規制すべきものや等について定められている。消防法からの委任規定のみならず、上乗せ、横出し規制等がある。
- ●その他
  告示、通知、例規（質疑応答）、各自治体の技術基準などで、危険物の取扱いの詳細について定められている。

例えば、再生資源燃料の貯蔵量等が1,000 kgを超える場合には、自治体の火災予防条例により規制される場合があります（法9の4、危険物の規制に関する政令1の12、別表4）。なお、危険物以外でも、消防法等の規制対象になることがあるため、注意が必要です。

5 罰則・行政処分

消防関連法令違反についての罰則の種類は多岐にわたります[98]。

指定数量以上の危険物を貯蔵、取り扱う全ての場所に対して立入検査（法16の5）、措置命令がなされることがあります（法16の6）。

また、技術基準を維持する旨の命令や、危険物施設の使用停止命令等がなされることもあります（法12、12の2）。

その他、製造所・貯蔵所・取扱所から危険物を漏出させ、流出させ、放出させ、飛散させて火災の危険を生じさせた場合、3年以下の懲役または300万円以下の罰金（両罰規定あり）が科される可能性があります。これにより人を死傷させた場合は、7年以下の懲役または500万円以下の罰金（両罰規定あり）が科される可能性があります（法39の2、45）。

消防法違反が認められた建物については、 ケース2-24 、 ケース2-25 のように、行政等から事案が公表されることもあります[99]。

ケース2-24 平成16年
- 休止中の建物を改装して物品販売店舗の営業を開始したことから防火管理者の選任指導を行ったが従わなかったため、違反処理をした事例

ケース2-25 平成20年
- 倉庫火災で火災調査と並行して違反調査の立入検査を実施したところ、スプレー缶の危険物の無許可貯蔵が発覚したため除去命令がなされた事例

---

98 東京消防庁「消防関係法令（消防法、火災予防条例）の違反に関する解説」《https://www.tfd.metro.tokyo.lg.jp/kk/ihan/ihan_02.html》、消防庁「消防法における罰則規定一覧（予防分野）」《https://www.fdma.go.jp/singi_kento/kento/items/kento255_20_siryou2-3-9.pdf》。

99 大阪市「重大な消防法違反のある建物の公表」（2024年8月14日）《https://www.city.osaka.lg.jp/shobo/page/0000301578.html》、（一財）日本消防設備安全センター「消防法令違反是正事例研究会」（更新日：2024年8月7日）《https://www.fesc.or.jp/ihanzesei/zesei/index_k.html》。

そのような事態を避けるためには、消防法のほか、複雑かつ広範囲に規定されている技術基準や行政手続きの細目等について、政省令、市町村条例（火災予防条例等）の規制を把握してもれなく対応することが必要です。

対応のポイント

- 危険物に関しては、消防法において各手続きが規定されているほか、技術基準や行政手続きの細目等について、政省令、市町村条例（火災予防条例等）に詳細なルールが規定されていることを理解する。
- 再生資源燃料が条例等の規制対象となる場合もあるため、注意する。

3 高圧ガスを取扱うケース（高圧ガス保安法）

1　規制概要・規制対象（高圧ガス保安法）

高圧ガスによる災害を防止するため、高圧ガスの製造、貯蔵、販売、移動その他の取扱い等、並びに容器の製造、取扱いを規制するのが高圧ガス保安法です。

高圧ガスの製造・貯蔵・販売・移動・その他の取扱いを行う事業者、以下のガスが規制対象となります（法2、施行令1）。

- 現にその圧力が1Mpa以上である圧縮ガス、または、温度35度において圧力が1Mpa以上となる圧縮ガス
- 常用の温度において現にその圧力が0.2Mpa以上である圧縮アセチレンガス、または、温度15度において圧力が0.2Mpa以上となる圧縮アセチレンガス
- 常用の温度において現にその圧力が0.2Mpa以上である液化ガス、または、圧力が0.2Mpaとなる場合の温度が35度以下である液化ガス

●政令で定めるもの（温度 35 度において圧力 0 パスカルを超える液化ガスで、液化シアン化水素、液化ブロムメチル、液化酸化エチレン）

　高圧ガスの製造、貯蔵、販売、移動その他の取扱いについては様々な規制がありますが[100]、以下では、その中でも特に問題となりやすい許可・届出等の規制を中心に説明します。

2　製造の許可・届出

　高圧ガスを製造する場合には、第一種製造者（製造の 1 日の処理能力が、第一種ガス[101]：300 m^3 以上、第一種ガス以外：100 m^3 以上の事業者）は都道府県知事の許可（法 5 ①）、第二種製造者（製造の 1 日の処理能力が、第一種ガス：300 m^3 未満、第一種ガス以外：100 m^3 未満の事業者）は届出が必要となります（法 5 ②）。

　第一種製造者・第二種製造者は、製造のための施設を、設置位置・構造・設備が技術上の基準（法 8 ①）に適合するように維持しなければならず、また、高圧ガスの製造は、経済産業省令で定める技術上の基準に従って行う必要があります（法 11～13）。また、第一種製造者・第二種製造者は、製造施設の位置・構造・設備の変更工事や製造する高圧ガスの種類・製造方法を変更しようとするときは、都道府県知事の許可、ないし届出をする必要があります（法 14 ①～④）。

　許可なく高圧ガスの製造をした場合には、1 年以下の懲役若しくは 100 万

---

[100] 経済産業省「高圧ガス保安法逐条解説－その解釈と運用－」《https://www.meti.go.jp/policy/safety_security/industrial_safety/sangyo/hipregas/files/20220328chikujo2_ippansoku.pdf》、経済産業省「高圧ガス保安法及び関係政令等の運用及び解釈について（内規）」（令和 2 年 8 月 6 日 20200715 保局第 1 号、改正：令和 3 年 5 月 18 日 20210407 保局第 2 号）《https://www.meti.go.jp/policy/safety_security/industrial_safety/sangyo/hipregas/hourei/20210518_hg_01.pdf》。保安管理組織（保安統括者、保安技術管理者、保安係員、保安企画推進員、保安主任員、保安監督者等）の規制については、山口良則「高圧ガス製造事業所の保安管理組織について」（高圧ガス保安法の基礎シリーズ Vol. 55 No. 7 (2018)）など参照。

[101] 不活性ガスとして、例えば、ヘリウム、ラドン、窒素、二酸化炭素、不燃性フルオロカーボンなど。

円以下の罰金またはその併科（法80（1）、84）、また、届出せずまたは虚偽の届出を行った場合には、30万円以下の罰金（両罰規定あり）が科される可能性があります（法83（2の2）、84）。また、許可なく、設備等の変更工事等を行った場合には、6月以下の懲役若しくは50万円以下の罰金（両罰規定あり）またはその併科となる可能性があり（法81（2）、84）、また、第一種製造者が軽微な変更工事の届出を行わなかった場合には、30万円以下の罰金（両罰規定あり）が科される可能性があります（法83（1）、84）。

3　貯蔵の許可・届出

　補助燃料である液化石油ガス・圧縮天然ガス等、高圧ガスの貯蔵でその貯蔵量が大きい場合（第一種貯蔵所[102]）は、都道府県知事の許可（法16、施行令5）、第一貯蔵所よりも規模の小さい場合（第二種貯蔵所[103]）は、届出が必要となります（法17の2）。ただし、いずれも第一種製造者は除きます。

　第一種貯蔵所を無許可で設置した場合には、6月以下の懲役または50万円以下の罰金（法81（3））、第二種貯蔵所を無届で設置した場合には、30万円以下の罰金が科される可能性があります（法83（2の4））。

4　販売の届出

　高圧ガスの販売事業を行う場合、販売所ごとに、事業開始の日の20日前までに、経済産業省令で定める書類を添えて都道府県知事に届け出る必要があります（法20の4）。

　販売業者は、経済産業省令に従い、販売する高圧ガスの購入者に対して、高圧ガスによる災害の発生の防止に関し必要な事項を周知させ、また、技術

---

[102] 容積1,000 m^3（液化ガスの場合は10 t）以上、第一種ガスにあっては、3,000 m^3（液化ガスの場合は30 t）以上の高圧ガスを貯蔵するため、あらかじめ都道府県知事の許可を受けて設置する貯蔵所をいう。

[103] 第二種ガスにあっては、容積300 m^3（液化ガスの場合は3 t）以上1,000 m^3（同10 t）未満、第一種ガスにあっては、容積300 m^3（同3 t）以上3,000 m^3（同30 t）未満の高圧ガスを貯蔵するため、あらかじめ都道府県知事へ届け出て設置する貯蔵所をいう。

上の基準に従って高圧ガスの販売をする必要があります（法20の5、20の6）。

高圧ガスを無届出で販売した場合、30万以下の罰金が科される可能性があります（法83（2の6））。

5　罰則・行政処分

各規制を遵守していない場合、行政により立入検査が実施され、高圧ガス保安法違反および認定基準への不適合の事実が確認されることもあります[104]。経済産業省や自治体からも、高圧ガス関係のコンプライアンス違反事例が数多く紹介されています[105]。

ケース2-26 では、必要な許可を得ていなかったことにより、設備の完成検査に係る認定が取り消されています。

> **ケース2-26** 神奈川県・令和5年
> ●法手続きに必要な資料の整備や業務管理等が不十分であったこと等により、都道府県知事の許可を受けずに製造設備の変更工事を行い、設備を使用していたこと、製造施設の軽微な変更工事の届出等が適切に行われていなかったことが判明した事案。完成検査に係る認定を取り消す行政処分がなされた。

104　経済産業省「高圧ガス保安法に基づく立入検査実績（令和4年度）」（令和5年8月）《https://www.meti.go.jp/policy/safety_security/industrial_safety/sangyo/hipregas/files/20231026tatiken04.pdf》。
105　経済産業省「高圧ガス事故及び不適切事案と対応」《https://www.fdma.go.jp/relocation/neuter/topics/fieldList4_16/pdf/r01/02/shiryou5-1.pdf》、三重県「近年の高圧ガス・液化石油ガス事故の発生状況について」（令和6年8月9日）《https://www.pref.mie.lg.jp/SHOBO/HP/m0098600062_00003.htm》。

対応のポイント

- 高圧ガスの製造・貯蔵・販売に必要となる許可・届出の手続きに加えて、製造施設の建設・変更工事にも許可・届出手続きが必要であることを理解し、いずれも適切に実施し、技術基準に従った整備を行う。

IV 商品の製造等に化学物質を使用・保管等する場面におけるポイントとリスク

1　化学物質の製造・輸入における審査・届出等に関する規制（化審法）

1　規制概要・規制対象（化審法）

　新規の化学物質の製造・輸入に際して事前にその化学物質の性状に関して審査し、化学物質の製造・輸入・使用等について必要な規制を行うのが、化審法です。なお、化審法は、企業に対して化学物質の排出量の減少や一定の基準値以下の濃度で取り扱うこと等を求めるものではなく、化管法（化学物質の排出量や移動量を把握することを目的とする制度。本節❹参照）とは異なりますので注意してください。

　化審法における対象化学物質は、①審査・分類済みの既存化学物質と、②審査・分類がなされていない新規化学物質の大きく２つに分かれます[106]（図表29）。

　なお、対象物質は適宜更新がなされているほか、他のカテゴリーに変更になることもある（例えば、監視化学物質が第一種特定化学物質に指定される場合がある）ことから、留意してください（図表30）。

---

[106] 猿倉健司「事業者の盲点となりやすい化学物質の製造・輸入・保管等の規制のポイント（PCB、トリクロロエチレン等の主要規制を例に）」（BUSINESS LAWYERS・2022年10月26日）《https://www.businesslawyers.jp/practices/1459》。

[107] 経済産業省「届出不要物質の指定に関する公示」《https://www.meti.go.jp/policy/chemical_management/kasinhou/information/bulletin_fuyou.html》、同「優先評価化学物質の指定に関する公示」《https://www.meti.go.jp/policy/chemical_management/kasinhou/information/bulletin_yusen.html》。なお、届出不要物質一覧（化学物質の審査及び製造等の規制に関する法律第２条第２項各号又は第３項各号のいずれにも該当しないと認められる化学物質その他の同条第５項に規定する評価を行うことが必要と認められないものとして厚生労働大臣、経済産業大臣及び環境大臣が指定する化学物質）（平成29年厚生労働省・経済産業省・環境省告示第１号）も参照。《https://www.meti.go.jp/policy/chemical_management/kasinhou/files/fuyou/fuyou_220331.pdf》。

図表 29　化審法における対象化学物質

化学物質		概要
既存化学物質	第一種特定化学物質 （化審法 2②（1）、17 以下、施行令 1）	・PCB（ポリ塩化ビフェニル）、ヘキサクロロベンゼンなど 35 物質 ・ヒト等への長期毒性（難分解性・高蓄積性）を有する化学物質
	第二種特定化学物質 （化審法 2③、35 以下、施行令 2）	・トリクロロエチレン、テトラクロロエチレンなど 23 物質 ・人や環境等への毒性（難分解性でない物質を含む）や残留性があり、リスクが高いとされる物質
	監視化学物質 （化審法 2④、13 以下）	・酸化水銀（Ⅱ）など 41 物質 ・難分解性かつ高蓄積性であり、人または高次捕食動物に対する長期毒性が明らかでない物質
	優先評価化学物質 （化審法 2⑤、9 以下）	・二硫化炭素やメチルアミン、ホルムアルデヒドやアセトアルデヒドなど 225 物質[107] ・人・生活環境動植物への長期毒性を有する可能性が否定できず、被害を生ずるおそれがあるかどうかについての評価（リスク評価）を優先的に行う必要があるとして指定された物質
	一般化学物質 （化審法 2⑦、8）	・およそ 2 万 8,000 物質 ・第一種特定化学物質、第二種特定化学物質、監視化学物質、優先評価化学物質、新規化学物質以外の化学物質 　✧　既存化学物質 　✧　新規公示化学物質 ・一般化学物質のうち、継続的に摂取される場合には人の健康を著しく損なうおそれ等があるものを特定一般化学物質という
新規化学物質 （化審法 2⑥、3 以下）		・官報で名称が公示されていない、若しくは政令で指定されていない化学物質

図表 30　各化学物質の関係と規制の概要

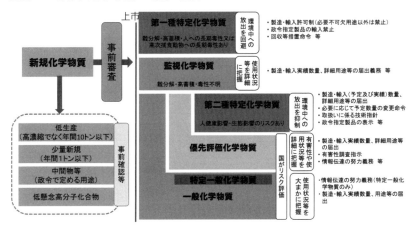

出典：経済産業省「化審法の体系」[108]

2　既存化学物質を製造・輸入するケース（化審法）

1　既存化学物質の規制（化審法）

　審査・分類済みの既存化学物質については、化学物質の有害性や環境排出量（ばく露量、人や動植物がどの程度の濃度の化学物質にさらされているか）を総合的に考慮して、それぞれ規制が設けられています[109]。

（1）第一種特定化学物質

　第一種特定化学物質に指定されると、当該物質は製造または輸入が原則禁止となり（法18、24①）、第一種特定化学物質の製造・輸入事業者は、化学物質および事業所ごとに許可を取得（法17、22）、製造業者は、主務省令で定める技術上の基準に従うことが求められます（法28）。他方で、第一種特定化学物質を業として使用する場合は、事業所ごとに、あらかじめ届出が必

108　https://www.meti.go.jp/policy/chemical_management/kasinhou/files/about/law_scope.pdf
109　前掲注106。

要となります（法26）。また政令で定める用途以外の用途で、第一種特定化学物質を使用することは禁止されています（法25）。

第一種特定化学物質の製造・輸入・使用に際して、環境汚染の進行を防止するため特に必要があると認めるときには、回収等の措置を講ずべき措置命令がなされることがあります（法34）。

許可を受けずに第一種特定化学物質の製造・輸入をした場合、政令で認められている用途以外に使用した場合、措置命令に違反した場合には、3年以下の懲役若しくは100万円以下の罰金（法人重科として1億円以下の罰金あり）または併科がなされる可能性があります（法57（1）（2）（5）、61（1））。

（2）第二種特定化学物質

第二種特定化学物質の製造・輸入者および第二種特定化学物質使用製品の輸入者は、毎年度、製造・輸入予定数量および実績数量等について、届出を行う必要があります（法35①）。これに対して、製造、輸入、使用の状況などからみて、環境汚染を通じて人の健康被害等を生ずることを防止するために必要があると認めるときには、届出に係る製造・輸入予定数量の変更が命令されることがあります（法35⑤）。

第二種特定化学物質の製造量または輸入量の届出をしなかった場合、1年以下の懲役若しくは50万円以下の罰金（法人重科として5,000万円以下の罰金あり）または併科がなされる可能性があります（法58（4）、61（2））。

（3）監視化学物質

年間1kg以上の監視化学物質の製造・輸入者は、毎年度、製造・輸入数量や具体的用途等の届出を行う必要があります（法13①）。また、監視化学物質については、省令で定める有害性の調査（当該化学物質が継続的に摂取される場合における人の健康等に及ぼす影響についての調査）を行いその結果を報告すべき指示がなされる場合があるほか（法14①）、監視化学物質を譲渡・提供する相手方に対して化学物質の名称等の情報提供をする努力義務があります（法16）。

監視化学物質の製造量・輸入量の届出をしなかった場合、30万円以下の

罰金（両罰規定あり）が科される可能性があります（法60（2）、61（3））。

（4）優先評価化学物質

年間1t以上の優先評価化学物質を製造・輸入した者は、毎年度、製造・輸入数量や具体的用途等の届出を行う必要があります（法9①、施行令6）。また、監視化学物質と同様に、有害性の調査指示がなされることがあるほか（法10）、譲渡・提供する相手方に対して情報提供をする努力義務があります（法12）。

優先評価化学物質の製造量・輸入量の届出をしなかった場合、30万円以下の罰金（両罰規定あり）が科される可能性があります（法60（2）、61（3））。

（5）一般化学物質

年間1t以上の一般化学物質（新規化学物質の審査の判定結果を受けた物質も同様）を製造・輸入した者は、毎年度、製造・輸入数量や具体的用途等の届出を行う必要があります（法8①、施行令5）[110]。特定一般化学物質については、これを譲渡・提供する相手方に対して情報提供をする努力義務があります（法8の2①）。

届出等をせずまたは虚偽の届出等をした場合は、20万円以下の過料が科される可能性があります（法62（1））。

2　罰則・行政処分

上記各項目でそれぞれ説明したような罰則のほか、必要に応じて、事業者に対して指導・助言がなされることがあるほか、各化学物質等の許可製造事業者、許可輸入者、取扱事業者等に対して、業務に関する勧告、指導・助言、報告徴収、立入検査がなされることもあります（法38、39、43、44）。

ケース2-27 では、大手企業において化審法で求められる登録手続きに不備があったことが大きく報道されています。また **ケース2-28** では、許可を取得しないままに第一種特定有害物質を輸入した42社に対して、当該

110　届出が不要な物質（2022年3月1日公開）については、前掲注107参照。

化学物質が含有する製品の回収が要請されるに至っています。

> **ケース2-27** 京都府・令和2年
> ● 製造・販売する化学材料（絶縁材などに使う原料）について法律で義務付けられている登録手続きに漏れがあったことから製造と販売を自主的に停止した事例。

> **ケース2-28** 神奈川県・平成14年
> ● ゴム製品の原材料として第一種特定化学物質（ポリ塩化ナフタレンを主成分とする塩素化ナフタレン）を無許可で輸入したうえで使用した42社に対し、製品の販売中止と回収、在庫の適切な管理などの措置の実施を要請した事例。

また、化学物質やその製品については、海外拠点での製造、海外拠点への輸出に関する規制も数多く存在するため、注意が必要です。

COLUMN 6

海外（EU）における主な化学物質規制[111]

①REACH 規則

対象となる化学物質[112]の登録、評価、認可、制限を内容とする制度であり、EU域内で生産活動を行っている企業および域外の国から

---

[111] なお、海外関連企業等で環境規制違反などの不正が発生した場合の対応については、猿倉健司「海外子会社で不祥事が発生した場合の海外当局・訴訟対応」（BUSINESS LAWYERS・2021年8月31日）《https://www.businesslawyers.jp/practices/1387》、同「海外子会社で不祥事が発生した場合の初動調査の留意点」（BUSINESS LAWYERS・2021年8月31日）《https://www.businesslawyers.jp/practices/1386》、同「海外子会社で発生した不祥事事案における不正発覚後の対応・再発防止策策定のポイント」（BUSINESS LAWYERS・2020年1月21日）《https://www.businesslawyers.jp/articles/709》参照。

[112] 化学物質、調剤物質（混合物）、成形品中の物質で、基本的に全ての物質が該当する。医薬品、化粧品、食品添加物などの既存の法律で規制を受けている物質については適用されない。

生産物の輸入を行っている企業について、登録、届出・認可申請の義務、使用制限、情報伝達の義務が課されている[113]。

EU 域内で対象となる化学物質・成形品等を製造・輸入する場合が規制対象となる。

②RoHS 指令

電気電子機器における特定有害物質[114]の含有を制限する規制であり、対象製品は、定格電圧が交流 1,000 ボルト・直流 1,500 ボルト以下で使用するように設計されている電気電子機器である。特定有害物質の非含有、技術文書・適合宣言書の作成および 10 年間の保管などが求められる。

RoHS 指令は、EU 加盟国内で対象製品の製造、輸入、販売をする場合に対象となる。

③WEEE 指令

廃電気電子機器（基本的に全ての電気電子機器が対象）の資源の利用効率を改善するために必要な措置（発生抑制、再使用のための準備、再生利用、その他の再生、処分）を求め、また、処理施設に対して危険有害物質等に関する情報の提供を求める規制である。生産者には、設計段階で要求に準拠した環境に配慮した設計で行うことが求められ、廃電気電子機器の回収、処理、再生、処分にかかるコストを負担しなければならない。

電気電子機器廃棄物を製造した EU 加盟国および生産者に対してその回収等を義務付け、電気電子機器を製造、販売、流通、リサイクル、処理をする企業および EU 加盟国の消費者が規制を受ける。

---

113 例えば、年間 1 t 以上化学物質や調剤物を製造・輸入する場合、対象物質を欧州化学品庁（ECHA）に登録する義務がある。年間 10 t 以上の場合は、化学物質安全性報告書（CSR）も提出しなければならない。また、危険有害性のある物質や認可対象候補物質を製造・輸入する場合は、安全性シート（SDS）の提供が必要である。これらの点については、（一社）東京環境経営研究所監修、松浦徹也・杉浦順編著『製造・輸出国別でわかる！ 化学物質規制ガイド　2021 年改訂版』（第一法規、2020 年）8 頁も詳しい。
114 鉛、水銀、カドミウム、六価クロム、PBB 等の 10 物質で、均質材料中の最大許容濃度はカドミウムが 0.01 重量％、それ以外の 9 物質は 0.1 重量％ である。

> **対応のポイント**
> - 化学物質を製造・輸入などするにあたっては、当該物質について分類等の確認を行ったうえで、法令で定められる手続きをいずれも適切に行う。
> - 極めて多数の化学物質が存在することから、チェックリストの活用や専門家への相談を通じて、取り扱う化学物質が規制対象となるかどうかについて慎重に検討する。

3 新規化学物質を製造・輸入するケース（化審法）

1 新規化学物質の規制（化審法）

　未審査・未分類の新規化学物質の製造・輸入を行う場合は、あらかじめ届出を行い、審査を受ける必要があります（法3）。人体への影響や周辺環境への影響等を踏まえて審査が行われ（スクリーニングおよびリスク評価を実施）、必要な規制がなされることになります（規制の分類については前述）。審査が完了するまでは、当該新規化学物質の製造や輸入を行うことはできません[115]。

　なお、製造・輸入する新規化学物質が1 t以下の少量である場合（少量新規化学物質）などには、事前確認で代替することができる特例制度があります（法3①（5）、施行令3②）。他にも、中間物（全量が他の化学物質に変化する化学物質）の事前確認制度などの特例制度もあります（法3①（4）、施行令3①）[116]。

---

[115] 前掲注106。前田知宏「化審法の概要②（一般化学物質等のリスク評価制度）」（（独法）製品評価技術基盤機構、令和3年11月12日）」《https://www.nite.go.jp/data/000130349.pdf》。

2　罰則・行政処分

　必要があると認めるときは、事業者に対して指導・助言が行われることがあるほか、各化学物質等の許可製造事業者、許可輸入者、取扱事業者等に対して、業務に関する勧告、指導・助言、報告徴収、立入検査がなされることもあります（法38、39、43、44）。

　また、届出をせずに新規化学物質を製造・輸入した場合には、1年以下の懲役若しくは50万円以下の罰金（企業の場合は5,000万円以下の罰金）または併科がなされる可能性があります（法58（1）、61（2））。

　ケース2-29 は、事前確認を得た輸入可能数量を超えて輸入したことに違法性がある旨の指摘を受けながら再度当該物質を輸入したという特殊な事案です。ケース2-29、ケース2-30 のいずれにおいても、事前確認は取り消されています。

> **ケース2-29** 東京都・平成16年
> ● 液晶の原料として用いられる新規化学物質に関して受けた確認（少量新規確認）に係る輸入可能数量を超えて輸入した事例。化審法を所管する省庁から「当該輸入には違法性がある」旨の指摘を受け、輸入の経緯等について調査を受けていた最中であったにもかかわらず、誤った解釈により再度当該物質を輸入した。当該物質に係る少量新規確認を取り消し、法令遵守の徹底および再発防止のための化学物質管理体制の整備等を行うよう指導がなされた。
>
> **ケース2-30** 京都府・平成20年
> ● 医薬品の中間体として製造される新規化学物質（3-（4-メチルフェニル）プロペン酸、メチル=2-ヒドロキシ-2,2-ジフェニルアセテート）について確認（中間物の製造確認）を受けていたが、当

116　有井崇「化審法における新規化学物質の届出対象と申請資料のポイント及び分解・蓄積性試験と判定の概論」（（独法）製品評価技術基盤機構、令和3年12月2日）。

> 該確認の申出が適切に行われておらず、確認を受ける前から同物質を製造していたことが判明した事例。当該2物質に係る中間物の製造確認を取り消し、法令遵守の徹底および再発防止のための化学物質管理体制の整備等を行うよう指導がなされた。

3　経済産業省による注意喚起

化審法に係る違反事例が数多くみられることを踏まえて、経済産業省等から、注意喚起のために違反事例が公表されています[117]（ ケース2-31 ）。

> **ケース2-31**　経済産業省等想定事例
> - 取り扱っている化学物質を一般化学物質と思い込んでいたが、外部から新規化学物質であるとの指摘を受け、届出をせずに新規化学物質の製造/輸入を行っていたことがわかった。
> - 少量新規化学物質として確認を受けていた新規化学物質について、年度末に当該年度の製造・輸入数量について社内で精査したところ、確認を受けた数量を超過して、製造・輸入していたことがわかった。
> - 製造・輸入した一般化学物質について、一定の有害性を示す藻類生長阻害試験の結果を新たに取得していたが、国への報告が必要であることを認識しておらず、国からの有害性情報の求めを受けた際に報告していなかったことがわかった。

これに対して、経済産業省等から指摘されている対応のポイント（概要）は以下のとおりであり、留意すべき事項の参考になります。その他、経済産業省は繰り返し注意喚起をしていますので、注意してください。

---

[117] 厚生労働省・経済産業省・環境省「化審法の遵守に係る注意点について」（平成28年12月14日）《https://www.meti.go.jp/policy/chemical_management/kasinhou/images/ihan_bunsyo.pdf》。

① 化審法に関する教育の徹底および確認体制構築
- 違反案件の多くでは、管理者・社内担当者の化審法への理解不足や社内体制の脆弱さが原因となっていることから、化審法に関する教育の徹底、および社内の化審法に関する確認体制の構築を行う
- 例えば、教育計画、業務手順書を整備し複数人による確認体制を構築するなどの対策が考えられる

② 取扱い予定の化学物質が新規化学物質でないかの確認
- 取り扱う予定の化学物質が新規化学物質でないかの確認を行う（化学物質の組成・構造を確認し（必要に応じて輸入先に問い合わせ）、公示されている化学物質であるかについて確認）

③ 確認された予定数量の遵守
- 少数新規・中間物等の確認を受けた製造・輸入数量を改めて把握し、数量超過しないか確認するとともに、違反を起こさない体制を整備する
- 例えば、データベースを作成し適切な頻度で数量の点検を行うなどの数量管理体制を構築、確認を受ける前の製造・輸入を行わないことの徹底などの対策が考えられる

④ 有害性情報の報告漏れの確認
- 製造・輸入した化学物質に関して有害性の調査報告義務がある場合、有害性情報が国に報告済みか確認する
- 例えば、有害性報告の担当部署を明確化するなど社内体制の整備、試験機関と有害性情報報告の要否について確認する体制の構築などの対策が考えられる

対応のポイント

- 化学物質の製造・輸入などにあたっては、当該化学物質が既存化学物質かそうでないかを確認したうえで、法令で定められる手続きをいず

- れも適切に行う。
- 新規化学物質規制は多種複雑であることから、経済産業省等から公表されている違反事例や対応策のポイントを踏まえて、社内体制の見直しを行う。

4 化学物質の排出量・移動量の届出に関する規制（化管法）

1　規制概要（化管法）

　化学物質の自主的な管理の改善を促進し、環境の保全上の支障を未然に防止することを目的として規制を行うのが化管法です。化審法（化学物質を製造・輸入するのに際して事前に審査をする制度。本節❶参照）とは異なりますので注意してください。

　化管法は、以下の2つがその柱となります[118]。

> ①PRTR（Pollutant Release and Transfer Register）制度
> 　人の健康や生態系に有害なおそれのある化学物質が、事業所から環境（大気、水、土壌）へ排出される量・廃棄物に含まれて事業所外へ移動する量を、企業が自ら把握、届出をする制度
> ②SDS（Safety Data Sheet）制度
> 　指定された化学物質・含有製品を他の企業に譲渡・提供する際に、化管法SDS（安全データシート）により、当該化学品の特性および取扱いに関する情報を提供することを義務づけるとともに、ラベルによる表示に努める制度

---

[118] なお、化学物質管理指針（法3）に基づき、「指定化学物質等取扱事業者が講ずべき第一種指定化学物質等及び第二種指定化学物質等の管理に係る措置に関する指針」（平成12年環境庁、通商産業省告示第1号）が公表されており、指定化学物質等取扱事業者が化学物質の管理に関して講ずべき事項がまとめられている。

企業は、自社で取り扱う化学物質を正確に把握し、以下で説明するような化管法の規制対象となる化学物質にあたるかどうか確認する必要があります。そのうえで、化学物質の取扱量や排出量・移動量の算出・届出（本節5参照）、譲渡・提供時の安全情報の提供（本節6参照）が求められます。なお、化審法同様、化管法も、企業に対して化学物質の排出量の減少や一定の基準値以下の濃度で取り扱うこと等を求めるものではありません。

2　規制対象物質

　人や生態系への有害性（オゾン層破壊性を含む）があり、環境中に広く存在する（ばく露可能性がある）と認められる物質として、第一種指定化学物質（現在、515物質）が指定されています（法2②、施行令1、別表1）。そのうち、発がん性、生殖細胞変異原性、生殖発生毒性が認められる23物質が、特定第一種指定化学物質（法2②、施行令4（1）イ）として指定されています（図表31）。規制対象物質は頻繁に改正・変更されることから、後述する届出義務等の適用対象や時期等には注意してください。

図表31　第一種指定化学物質の例

揮発性炭化水素	ベンゼン、トルエン、キシレン等
有機塩素系化合物	ダイオキシン類、トリクロロエチレン等
農薬	臭化メチル、フェニトロチオン、クロルピリホス等
金属化合物	鉛およびその化合物、有機スズ化合物等
オゾン層破壊物質	CFC、HCFC等
その他	アスベスト（石綿）、PCB（ポリ塩化ビフェニル）等

　これらの物質については、例えば、トリクロロエチレン・ベンゼン・鉛は土対法、ダイオキシン類はダイオキシン類対策特別措置法、アスベスト（石綿）は大防法・廃掃法・労安衛法、石綿則等、PCB（ポリ塩化ビフェニル）はPCB特別措置法、フロン類（CFC、HCFC等）はフロン排出抑制法の対象であり（これらに限りません）、各化学物質が別途の規制にも服すること

に注意する必要があります。

これに対して、第二種指定化学物質（法2③、施行令2、別表2）は、PRTR制度の対象物質ではなく、SDS制度のみの対象となる化学物質となります（現在、134物質）。

以上は、適宜変更がなされていることに留意してください。

5 化学物質の排出量・移動量の届出が必要となるケース（化管法）

1　規制概要・規制対象（PRTR制度）

PRTR制度の対象事業者は、次の①～③の要件全てに該当する事業者です（法5、2⑤、施行令3、4）[119]。

> ①対象業種として政令で指定している24種類の業種に属する事業を営んでいる
> - 金属鉱業、原油・天然ガス鉱業、製造業、電気業、ガス業、熱供給業、下水道業、倉庫業、石油卸売業、燃料小売業、自動車整備業、一般廃棄物処理業、医療業等
>
> ②常時使用する従業員の数が21人以上
> - 本社および全国の支社、出張所等を含め、全事業所を合算した従業員数が21人以上の事業者
>
> ③いずれかの第一種指定化学物質の年間取扱量が1t以上（特定第一種指定化学物質は0.5t以上）の事業所を有する、または、他法令で定める特定の施設（特別要件施設）を設置している
> - 上記①・②とは異なり、事業所単位で判断される
> - 年間取扱量：対象物質の年間製造量と年間使用量を合計した量

---

[119]　経済産業省「化学物質排出把握管理促進法の基本事項に関するQ&A」《https://www.meti.go.jp/policy/chemical_management/law/qa/1.html》。

●特別要件施設：鉱山保安法に規定される特定施設、下水道終末処理施設、廃掃法に規定される一般廃棄物処理施設・産業廃棄物処理施設、ダイオキシン類対策特別措置法に規定される特定施設等

2 化学物質の排出量・移動量の算出・届出

規制対象事業者は、第一種指定化学物質の環境（大気・公共用水域・土壌）への排出量および対象物質を含む廃棄物が事業所外への移動量を個別事業所ごとに算出し、都道府県経由で事業所管大臣に届出を行う必要があります（法5②）。

具体的には、次の方法により把握を行うことになります[120]。

①物質収支による方法
②実測による方法
③排出係数による方法
④物性値を用いた計算による方法
⑤上記の方法以外に、より精度よく算出できると思われる経験値等を用いた方法

ここで注意すべきは、届出内容は公表され、第三者から請求があった場合には、原則として個別事業所の届出データ等が開示されるということです（法10、11）。そのため、開示されては困る内容が含まれている場合には、これを非開示とするために、別途対応が必要です。

3 条例による規制

他の法令と同様に、各都道府県・市区町村の条例において、化管法の上乗せ規制等、化管法とは異なる規制を行うケースは数多くあります（図表32）。

---

120 前掲注106。

図表 32　条例による化学物質規制の例

a.	届出事項（使用量や製造量、用途）を拡大するケース
b.	届出対象事業者を拡大するケース
c.	届出要件としての年間数量を下げるケース
d.	対象物質を追加するケース
e.	管理目標・達成状況の報告を求めるケース
f.	化学物質管理計画書等の届出を求めるケース

　特に、東京都環境確保条例・東京都化学物質適正管理指針や大阪府生活環境の保全等に関する条例（大阪府化学物質管理制度）においては、規制基準や届出対象等が大きく異なるので特に注意が必要です。

（1）大阪府環境条例の規制

　大阪府環境条例では、規制対象となる化学物質について、化管法の第一種指定化学物質とは別途、大阪府が独自に物質を指定しています。また、化管法で届出が求められる排出量・移動量のほか、取扱量についても別途届出内容とすることが求められています[121]（図表 33）。

図表 33　大阪府における化学物質の届出内容

第一種管理化学物質	排出量	移動量	取扱量
化管法 第一種指定化学物質（515 物質）	①化管法の届出 ・第一種指定化学物質の排出量・移動量		
府条例 VOC（揮発性有機化合物）	②府条例の届出 ・第一種指定化学物質の取扱量 ・VOC（揮発性有機化合物）の排出量・移動量・取扱量		

出典：大阪府「大阪府化学物質管理制度」

121　大阪府「大阪府化学物質管理制度」《https://www.pref.osaka.lg.jp/documents/960/seido-gaiyo.pdf》、大阪府「化管法（PRTR 法）・条例に基づく適正管理の対象となる化学物質等の改正について」（更新日：2024 年 5 月 24 日）《https://www.pref.osaka.lg.jp/kankyohozen/shidou/kagaku_kaisei.html》。

大阪府環境条例では、化学物質管理計画書のほか、化学物質管理目標決定・達成状況の届出を行うことが求められています。

(2) 東京都環境確保条例の規制

東京都環境確保条例により、化管法とは別途独自に現在59種類の化学物質について事業者に適正管理を求めています[122]。この適正管理の対象となる化学物質を年間100kg以上取り扱う事業所には、化管法で届出が求められる排出量・移動量のほか、使用量・製造量・製品出荷量等の報告（適正管理化学物質の使用量等報告書）および化学物質管理方法書（管理の方法、事故・災害時の対応、管理組織等を記載する必要がある）の提出が求められます[123]。

4 罰則・行政処分

PRTR制度の届出対象となる企業が届出をせず、または虚偽の届出をした場合には、罰則として20万円以下の過料が科される可能性があります（法24①）。

ケース2-32 では、第一種指定化学物質の排出量および移動量を届出に際して意図的に虚偽の内容を届け出ていたこと（過少申告）が明らかとなり、過料を行うべきとの通知がなされています。

> **ケース2-32** 岐阜県・平成20年
> ●第一種指定化学物質等取扱事業者として、第一種指定化学物質の排出量・移動量を届け出ていたが、8物質（アセトアルデヒド、クロロホルム、1,2-ジクロロエタン、p-ジクロロベンゼン、塩化メチレン、N,N-ジメチルホルムアミド、銅水溶性塩、トルエン）について意図的に過少に虚偽の届出をした事例。大阪地方裁判所に過料の適用を求める通知がなされた。

---

122 前掲注25　3頁。
123 適正管理化学物質の使用量等報告書については、化管法で対象となる従業員21名以上という要件を満たさない中小企業も対象となることに注意すべきである。

対応のポイント

● 法令のみならず各自治体が独自に規制対象とする化学物質や独自の上乗せ規制もあるため、チェックリストの活用や専門家への相談を通じて規制対象となるかどうかを慎重に検討するとともに、求められる手続きについていずれも適切に対応する。

6 化学物質の譲渡・提供時に情報提供が求められるケース（化管法）

1 規制概要・規制対象（SDS制度）

　化管法で指定された化学物質またはそれを含有する製品を他の事業者に譲渡・提供する際に、安全データシート（SDS）により当該化学品の特性および取扱いに関する情報を提供することを求めるのがSDS制度です。なお、SDS制度は、労安衛法、毒劇法など他の法令においてもみられます。

　対象となる化学物質は、第一種指定化学物質のほか第二種指定化学物質も含まれます。また、対象となる化学物質が含有される場合であっても、以下の場合には、SDS制度の規制対象外となります（法2⑥、施行令5、6）。

①化管法における指定化学物質の含有率が1％未満（特定第一種指定化学物質の場合は0.1％未満）の製品
②固形物（事業者による取扱いの過程において固体以外の状態にならず、かつ、粉状または粒状にならない製品）
③密封された状態で取り扱われる製品
④主として一般の消費者の生活の用に供される製品
⑤再生資源

なお、PRTR 制度のように、業種、常用雇用者数、年間取扱量等の要件はありません[124]。

2 化学物質情報の提供

化管法で指定された化学物質またはそれを含有する製品を他の事業者に譲渡・提供する際に、企業情報、化学物質の特性、危険有害性の分類、応急措置取扱い、環境影響情報・保管上の注意や廃棄上の注意、ばく露防止および保護措置、主な適用法令等が記載された SDS を提供することが求められます（法 14）。

SDS の作成義務・交付義務に違反した場合は、必要な情報を提供すべき旨の勧告、公表がなされることがあります（法 15①②）。また、指定化学物質等の性状および取扱いに関する情報の提供に関し報告徴収がなされることもあります（法 16）。

3 罰則・行政処分

報告徴収に対して、報告をせずまたは虚偽の報告をした場合には、20 万円以下の過料が科される可能性があります（法 24（2））。

対応のポイント

- 指定化学物質またはそれを含有する製品を他の企業に譲渡・提供する場合に、SDS により当該化学品の特性および取扱いに関する情報を提供することを求められることを理解する。

124　前掲注 119。

7 毒劇物を取扱い、販売するケース（毒劇法）

1 規制概要・規制対象（毒劇法）

毒物および劇物（毒劇物）について、保健衛生上の見地から必要な取締りを行うことを目的として各規制や手続きを定めているのが毒劇法です。毒劇法が規制対象とする物質は図表34のとおりです。

図表34　毒劇法の規制対象

毒物	●別表1に掲げる物で医薬品・医薬部外品以外のもの（法2①）。 ●別表1に規定される黄りん、シアン化ナトリウム、水銀等の27品目のほか、政令において100品目以上を指定。 ●一般に流通している有用な化学物質のうち、主に急性毒性による健康被害が発生するおそれが高く、特に有毒性が強い物質を指定[125]。
劇物	●別表2に掲げる物で医薬品・医薬部外品以外のもの（法2②）。 ●別表2に規定されるアンモニア、塩化水素等の93品目のほか、政令において約300品目を指定。 ●劇物は、毒物より有毒性は弱いものの、刺激性が著しく大きいものや皮膚腐食性がみられる物質を指定。 ●なお、カドミウム化合物は、毒劇法上の「劇物」に指定されているが、水濁法上の「有害物質」（水濁法2②（1）、同法施行令2（1））にも該当する。
特定毒物	●「毒物」のうち別表3に掲げるもの（法2③）。 ●別表3に規定される9品目のほか、政令において10品目を指定。 ●毒物のうちで極めて毒性が強く、かつ広く一般に使用されるものを指定。

2 毒物劇物の管理

毒劇法では、貯蔵設備や製造所の設備基準が定められています（施行規則

---

[125] 国立医薬品食品衛生研究所「毒物および劇物取締法（毒劇法）」《https://www.nihs.go.jp/law/dokugeki/dokugeki.html》。

4の4）。貯蔵設備は、概要、①毒劇物とその他のものを区分して貯蔵できること、②毒劇物の貯蔵タンク等は毒劇物の飛散・漏れ等のおそれがないものにすること、③毒劇物が飛散、流出等のおそれがないこと、④毒劇物の貯蔵場所に鍵をかける設備その他の代替策が講じられていること等が求められます（施行規則4の4①（2））。

3 　毒劇物の製造、輸入、販売における義務

（1）毒劇物取扱責任者の登録・届出

　毒物劇物販売業者および毒物劇物製造業者は、都道府県知事などの登録（更新あり）、また、業務上一定の毒物劇物を取り扱う場合は、都道府県知事に届出を行うことが必要となります（法3、3の2、4）。これらを怠った場合は、3年以下の懲役または200万円以下の罰金が科される可能性があります（法24（1））。

　また、毒劇物の製造・販売等事業所では、施設ごとに、衛生上の安全性を確保するために毒物劇物取扱責任者[126]を設置する必要があります（法7）。毒物劇物取扱責任者は、設備基準の遵守、毒劇物の表示等、紛失・漏洩等の防止措置、運搬・廃棄に関する技術基準への適合、事故時の応急措置に必要な設備機材などの点検・管理が求められます（法7）[127]。

（2）譲渡時等の情報提供

　毒劇物の販売等を目的とした製造・輸入業者、販売店、小売店は、毒劇法上の毒劇物について、容器や被包への表示および情報提供（SDS）の義務があります（法13の2、施行令40の9、施行規則13の12）。毒劇物を譲渡する場合は、①毒物劇物の名称、数量、②譲渡年月日、③譲受人の氏名、住所、職業を記載して交付し、これに譲受人が押印する必要があります（法14①②、施行規則12の2）。

---

[126] 毒物劇物取扱責任者は、薬剤師、毒物劇物取扱者試験に合格した者である等の必要がある（法8）。
[127] 厚生省「毒物劇物取扱責任者の業務について」（昭和50年7月31日付け薬発第668号）《https://www.mhlw.go.jp/web/t_doc?dataId=00ta7346&dataType=1&pageNo=1》。

これらの手続きに違反した場合は、3年以下の懲役または200万円以下の罰金が科される可能性があります（法24（3）（4））。

（3）技術上の手続き等の遵守

①毒物劇物の表示

　毒物劇物営業者（毒劇物の製造業者、輸入業者または販売業者）は、毒劇物の容器・被包に医薬用外の文字と決められた配色で「毒物」「劇物」の文字を表示する必要があるほか、毒劇物の名称、毒劇物の成分およびその含有量、政令で定められた事項等を記載する必要があります（法12）[128]。これに違反した場合は、3年以下の懲役または200万円以下の罰金が科される可能性があります（法24（2））。

②毒物劇物の運搬・貯蔵・廃棄

　貯蔵について、貯蔵タンクの設置方法等が基準に適合していることが必要となります（法16）。

　また、化学物質の廃棄にあたっては、毒劇法施行令で定められた廃棄の技術基準（化学分解、燃焼、中和等の方法で処理を行い、保安衛生上の危険が発生しないようにする等）に従う必要があります（法15の2、施行令40）。大防法や水濁法の排出規制や廃掃法の定めに従うことも必要となります。

　これらに違反した場合は、3年以下の懲役または200万円以下の罰金が科される可能性があります（法24（5））。

4　毒劇物を利用する者（業務上取扱者）の義務

（1）業務上取扱者

　毒劇物の使用者（業務上取扱者）は、都道府県知事に対して、下記の事業について事業場ごとに、該当の毒劇物を取り扱うことになった日から30日以内に届出をすることが必要となります（法22①、施行令41、42）。これに

---

[128] 販売・授与量が、1回につき200 mg以下の劇物の場合、住宅用の洗浄剤で液体状かつ一定以下の含有量の塩化水素または硫酸を含有する製剤たる劇物は、主として生活の用に供する一般消費者に対して販売、授与する場合について、容器等への表示義務はあるが、SDSを提供する義務はない（施行規則13の10）。

違反した場合は、30万円以下の罰金が科される可能性があります（法25（7））。

- a. 無機シアン化合物等を取り扱う電気メッキを行う事業
- b. 無機シアン化合物等を取り扱う金属熱処理を行う事業
- c. 最大積載量が5,000 kg以上の自動車若しくは被牽引自動車（大型自動車）に固定された容器を用い、または200 L以上の内容が四アルキル鉛を含有する製剤を運搬する大型自動車、それ以外の黄りん等の毒物または劇物を1,000 L以上の容器を用いて大型自動車に積載して行う運送事業
- d. ひ素化合物およびこれを含有する製剤を取り扱うシロアリの防除を行う事業

（2）盗難紛失防止についての必要な措置

毒劇物は、流出した場合に人体や環境に悪影響を及ぼすため、業務上取扱者は、盗難や紛失防止のための必要な措置として、保管設備の鍵の管理、立入者の把握、保管場所について法定の基準の遵守の措置を講じる必要があります（法11）。

毒劇物を紛失したときは、直ちにその旨を警察署に届け出ることが求められます（法17②）。

5　事故時の措置

政令で定める化学物質が飛散、漏れ、流出、しみ出し、あるいは地下浸透した場合は、直ちに保健所、警察署、消防機関に対して届出を行う必要があります（法17①）。また、直ちに漏洩の継続、拡大を防止し、漏洩した化学物質の除去等を行う必要があります。そのために、まず事故の発生場所や漏洩状況、漏洩量等を確認し、漏洩した物質の種類を確認したうえで、影響する範囲について検討することが必要となります。これに違反した場合は、30万円以下の罰金が科される可能性があります（法25（3））。

対応のポイント

- 化学物質についての規制だけではなく、別途重複して毒物劇物に関する規制が規定されている場合があることを理解し、各規制において求められる手続き（責任者の登録・届出）、情報提供、表示その他をいずれも適切に行う。
- 漏えい事故が発生した場合には、速やかに求められる手続きを講じる。

V エネルギー使用、温室効果ガス等が発生する場面におけるポイントとリスク

1 エネルギー使用量削減の取組が求められるケース（省エネ法）

1 規制概要・規制対象（省エネ法）[129]

(1) 省エネ法の概要

企業等に対して、工場等、輸送、建築物、機械器具等についてのエネルギーの使用の合理化等を進めるために必要な措置を講ずることを求めるのが省エネ法です。

(2) 対象となるエネルギー・事業分野

省エネ法が対象とするエネルギーとは、燃料、熱、電気に加え、令和5年4月1日からは、非化石エネルギーとなります（図表35、36）。

図表35 省エネ法が対象とするエネルギー

①燃料	●原油・揮発油（ガソリン）、重油、その他石油製品（ナフサ、灯油、軽油、石油アスファルト、石油コークス、石油ガス） ●可燃性天然ガス ●石炭・コークス、その他石炭製品（コールタール、コークス炉ガス、高炉ガス、転炉ガス）であって、燃焼その他の用途（燃料電池による発電）に供するもの
②熱	●上記に示す燃料を熱源とする熱（蒸気、温水、冷水等） ●対象とならないもの：太陽熱・地熱など、上記の燃料を熱源としない熱

---

[129] 猿倉健司「2023年4月施行改正省エネ法において留意すべき定期報告制度」（牛島総合法律事務所 Client Alert 2022年6月17日号）《https://www.ushijima-law.gr.jp/client-alert_seminar/client-alert/client-alert-2022%e5%b9%b4%e6%9c%8814%e6%97%a5%e5%8f%b7/》.

③電気	●上記に示す燃料を起源とする電気 ●対象とならないもの：太陽光発電、風力発電、廃棄物発電など、上記燃料を起源としない電気
④非化石エネルギー	●非化石燃料（水素・アンモニア等） ●非化石熱（非化石燃料を熱源として得られる熱・太陽熱、地熱など） ●非化石電気（非化石燃料を熱源とした発電による電気・太陽光発電、風力発電などによる電気など）

図表36　令和5年4月以降の省エネ法の対象エネルギー

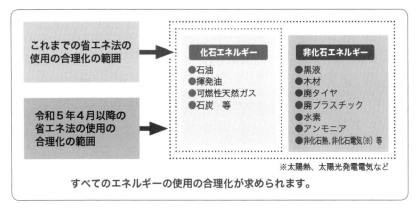

出典：資源エネルギー庁「事業者向け省エネ関連情報　省エネ法の概要」[130]

　省エネ法が規制する事業分野（エネルギー事業者への直接規制）は、工場・事業場および運輸分野です[131]。ここでは主に、工場・事業場等に係る省エネ法の概要と必要な手続きについて解説します。

130　https://www.enecho.meti.go.jp/category/saving_and_new/saving/enterprise/overview/
131　建築物・住宅の省エネ措置については、平成29年4月より、企業への具体的な措置が、建築物省エネ法に移行した。

2　全事業者が取り組むべき事項・目標

省エネ法においては、図表37のとおり、各事業者に求められる取組が規定されています。

図表37　省エネ法で各事業者に求められる取組

年度間エネルギー使用量（原油換算値kℓ）		1,500kℓ/年度以上	1,500kℓ/年度未満
事業者の区分		特定事業者、特定連鎖化事業者又は認定管理統括事業者（管理関係事業者を含む）	―
事業者の義務	選任すべき者	エネルギー管理統括者及びエネルギー管理企画推進者	―
	提出すべき書類	エネルギー使用状況届出書（指定時のみ）エネルギー管理統括者等の選解任届出書（選解任時のみ）定期報告書（毎年度）及び中長期計画書（原則毎年度）	―
	取り組むべき事項	判断基準に定めた措置の実践（管理標準の設定、省エネ措置の実施等）指針に定めた措置の実践（燃料転換、稼働時間の変更等）	
事業者の目標		中長期的にみて年平均1％以上のエネルギー消費原単位又は電気需要平準化評価原単位の低減	
行政によるチェック		指導・助言、報告徴収・立入検査、合理化計画の作成指示への対応（指示に従わない場合、公表・命令）等	指導・助言への対応

出典：資源エネルギー庁「省エネポータルサイト『工場・事業場の省エネ法規制』」[132]

（1）省エネのための管理標準の設定、省エネ措置の実施

エネルギーを使用する全ての事業者に対し、エネルギーの使用合理化に必要な判断基準となるべき事項（全ての事業者が取り組むべき項目等の基準や目標など）が公表されています（法5①）[133]。各事業者は、この判断基準に基づき、エネルギー消費設備の運転管理や計測・記録、保守・点検、新設に

132　https://www.enecho.meti.go.jp/category/saving_and_new/saving/enterprise/factory/classification/
133　「工場等におけるエネルギーの使用の合理化に関する事業者の判断の基準」（平成21年経済産業省告示66号）。

あたっての管理標準を定め、この管理標準に基づきエネルギーの使用の合理化（省エネ措置の実施）に努める必要があります。また、非化石エネルギーの使用割合の向上のために取り組むべき措置に関しても、「工場等における非化石エネルギーへの転換に関する事業者の判断の基準」が公表され[134]、効率的なエネルギー使用を合理化するための管理体制の整備と責任者等の配置、合理化についての取組方針を定めその遵守状況を確認し評価すること等が定められています。

（2）中長期的な年平均1％以上のエネルギー消費原単位等の低減

エネルギーを使用し事業を行う全ての企業は、判断基準[135]に基づき、省エネルギーの目標として、エネルギー消費原単位等を中長期的にみて年平均1％以上低減することに努めるように求められています（同基準Ⅱ柱書）。

3 罰則・行政処分

特定事業者が設置している工場等におけるエネルギー使用の合理化の状況が著しく不十分であるときには、合理化計画の作成指示、公表、合理化計画を適切に実施すべき旨の措置命令（法17①④⑤）がなされることがあります。措置命令にも従わない場合は、100万円以下の罰金が科される可能性があります（法174（2））。

また、特定事業者の非化石エネルギーへの使用割合の向上に関する措置が判断基準に照らして著しく不十分である場合は、必要な措置をとるべき旨の勧告がなされ、また、勧告を受けた特定事業者がその勧告に従わなかったときは、その旨が公表される可能性があります（法18①②）。

---

[134] 令和5年経済産業省告示第28号。
[135] 前掲注133。

対応のポイント

- 本社ビルや工場において、事業上エネルギーを使用する場合には、省エネのための管理標準の設定や省エネ措置の実施が求められ、その取組が不十分な場合には、勧告や公表、措置命令がなされる可能性があることを理解する。
- いずれの取組も適切に行うために、十分な検討が必要となる。

2　エネルギー使用量の定期報告等が必要となるケース（省エネ法）

1　規制対象（特定事業者・工場等）

　事業者全体のエネルギー使用量（原油換算値）が合計 1,500 kℓ/年度以上である場合[136]は、そのエネルギー使用量等を記載したエネルギー使用状況届出書を提出して、「特定事業者」の指定を受ける必要があります（法7①③、施行令2①、施行規則5）。フランチャイズチェーン（FC）事業等の加盟店を含む事業全体のエネルギー使用量（原油換算値）が合計して 1,500 kℓ/年度以上の場合には、その使用量を FC 本部が届け出て、FC 本部が「特定連鎖化事業者」の指定を受ける必要があります（法19①②、施行令2①、施行規則41）[137]。

　また、個別の工場や事業場等の単位でエネルギー使用量（原油換算値）が 1,500 kℓ/年度以上である場合は、上記とは別途、各々が「エネルギー管理指定工場等」の指定を受ける必要があります[138]。

136　エネルギー算定の対象は、工場のみならず、工場または事務所その他の事業場とされ、事務所（オフィス）、営業所、店舗、研究所、倉庫、その他全ての事業活動のため設置している事業場をいう。

2 エネルギー使用量・使用合理化計画等の報告

提出が求められる主要な資料は以下のとおりです。なお、提出すべき資料はこれらに限られないことに注意してください。また、これらの提出資料は行政機関の保有する情報の公開に関する法律（情報公開法）に基づく開示対象となりますが、企業の権利を害することを理由に非開示とすることができる場合があり、実務上その対応がたびたび必要となります[139]。

（1）定期報告書の提出

特定事業者等は、毎年度の事業者全体およびエネルギー管理指定工場等のエネルギー使用量等について、翌年度7月末日までに、定期報告書を提出する必要があります（法16①、施行規則36）。定期報告書には、エネルギー使用量[140]、エネルギー消費原単位[141]等とそれらの推移、エネルギーを消費する設備の状況、判断基準に定めた措置の実践状況等を記載します（施行規則37）。令和5年4月の改正法により、非化石エネルギー使用状況についても定期報告をする必要があります（本節❶参照）。

提出された定期報告書等の内容により、事業者は4段階にクラス分けされます。Sクラスの事業者は、優良事業者として経済産業省のホームページで公表され、他方で、判断基準遵守状況が不十分と判断された場合は、Cクラ

---

137 連鎖化事業者とは、定型的な約款による契約に基づき、特定の商標、商号その他の表示を使用させ、商品の販売または役務の提供に関する方法を指定し、かつ、継続的に経営に関する指導を行う事業を行っており、次の①②の両方の事項を加盟店との約款等で満たしている事業者をいう（施行規則39）。
　①FC本部が加盟店に対し、加盟店のエネルギーの使用の状況に関する報告をさせることができること
　②加盟店の設備に関し、空気調和設備・冷蔵機器・照明器具・調理用機器等の機種、性能または使用方法のいずれかを指定していること
138 年間エネルギー使用量が3,000kℓ/年度以上の工場等は「第一種エネルギー管理指定工場等」（法10①）、1,500～3,000kℓ/年度の工場等は「第二種エネルギー管理指定工場等」（法13①）として指定される。
139 エネルギーの使用状況等に関する情報の開示請求については、前掲第1章注33　765頁も参照。
140 エネルギー使用量の算出にあたっては、燃料の使用量、他人から供給された熱・電気の使用量が対象になり、これを原油換算kℓで合算する。
141 エネルギー消費原単位＝（エネルギー使用量－販売した副生エネルギー量）÷生産数量等（エネルギーの使用量に密接な関係のある値）。

ス（要注意事業者）に分類され、指導等が行われます。

COLUMN 7

クラス分け制度

- Sクラス：省エネが優秀な事業者であり、5年間、原単位年平均1％以上低減の努力目標を達成するか、ベンチマーク制度対象業種や分野で目標を達成することが要件となる。優良事業者として事業者名、連続達成年数が公表される。
- Bクラス：省エネが停滞している事業者で、努力目標が未達成でありかつ直近2年連続で原単位が対前年度比で増加しているか、5年間平均原単位が5％を超えて増加していることが要件となる。注意喚起の文章が送付され、現地調査や立入検査等が実施されることがある。
- Cクラス：注意を要する事業者であり、Bクラスの事業者の中で特に判断基準遵守状況が不十分な事業者として、指導が実施される。また、合理化計画を実施する旨の措置命令（法17⑤）および措置命令に違反した場合の罰則（法174（2））の対象となる。

（2）中長期計画書の提出

　特定事業者等は、毎年度、判断基準に基づくエネルギー使用合理化（削減）の目標達成のための中長期（3～5年）的な計画を作成し、毎年度7月末日までに、中長期計画書を提出する必要があります（法15、施行規則35①）[142]。

　令和5年4月の改正法により、①非化石エネルギーの使用割合の向上に関する目標を設定し、②その目標達成のための取組事項を中長期計画書に記載することが必要になりました。

142　前述の優良事業者については、中長期計画の提出頻度が軽減される。

> ■取組事項の例
> 太陽光パネルの設置、バイオマス、水素・アンモニア混焼の実施、非化石エネルギー由来の電気の購入等
> ※非化石エネルギーの使用割合の向上に関する目標年度は2030年度となる見込み

(3) 報告違反に関する罰則

中長期計画書の提出（法15）をしない場合、定期報告（法16①）を行わずまたは虚偽の報告をした場合は、50万円以下の罰金（両罰規定あり）が科せられる可能性があります（法175（2）（3）、177）。

3　管理者等の設置

特定事業者は、エネルギー管理統括者と、統括者を補佐するエネルギー管理企画推進者を選任する必要があります（法8①、9①)[143]。また、エネルギー管理指定工場等においては、エネルギー管理者またはエネルギー管理員を定められた人数選任することが必要となります（法11、12、14)[144]（図表38）。

管理者等の選解任については、選解任後の最初の7月末日までに、選任および解任の届出を行う義務があります（法8③、9③、11②、12③、14③、施行規則12、15、22、33）。選任義務に違反した場合は、100万円以下の罰金（両罰規定あり）が科される可能性があります（法174（1）、177）。

以上のような事態を避けるためには、事業上エネルギーを使用する事業者は、法令上求められる手続きをいずれも適切に行うことが必要となります。

---

[143] エネルギー管理企画推進者は、エネルギー管理講習の修了者またはエネルギー管理士の資格者で、エネルギー管理統括者が適切に職務を実施するための実務的な役割を担うことになる。他方、エネルギー管理統括者には国家資格等は不要である。

[144] エネルギー管理者はエネルギー管理士の資格者から選任する必要があり、エネルギー管理員となるためにはエネルギー管理講習の受講が必要となる。

図表 38　エネルギー管理統括者等の選任数

選任すべき者	事業者の区分			選任数
エネルギー管理統括者	特定事業者、特定連鎖化事業者又は認定管理統括事業者			1人
エネルギー管理企画推進者	特定事業者、特定連鎖化事業者又は認定管理統括事業者			1人
エネルギー管理者	特定事業者（第一種エネルギー管理指定工場等）（製造5業種）	第一種特定事業者（第一種指定事業者を除く）	①コークス製造業、電気供給業、ガス供給業、熱供給業の場合	10万kl／年度以上	2人
				10万kl／年度未満	1人
			②製造業（コークス製造業を除く）、鉱業の場合	10万kl／年度以上	4人
				5万kl／年度以上10万kl／年度未満	3人
				2万kl／年度以上5万kl／年度未満	2人
				2万kl／年度未満	1人
エネルギー管理員	第一種指定事業者（第一種エネルギー管理指定工場等（製造5業種以外））			1人
	第二種特定事業者（第二種エネルギー管理指定工場等）			1人

出典：資源エネルギー庁「エネルギーの使用の合理化等に関する法律　省エネ法の概要」[145] 7頁を基に作成

対応のポイント

- 一定の事業者にはエネルギー使用量・エネルギー使用合理化計画等の定期報告が求められるほか、管理者の設置その他の手続きが必要となる。

145　https://www.enecho.meti.go.jp/category/saving_and_new/saving/summary/pdf/20181227_001_gaiyo.pdf

3 温室効果ガス排出量の定期報告が必要となるケース（温対法）

1 規制概要・規制対象（温対法）

　事業活動等による温室効果ガス（Greenhouse Gas）の排出の量の削減等を促進するための措置を講ずること等により、地球温暖化対策の推進を図ること等を目的とするのが温対法です。

（1）対象となる温室効果ガスと事業者

　温室効果ガス報告制度の対象となる温室効果ガスと対象となる事業者は、以下のとおりです（法2③）（図表39）。

①二酸化炭素（CO_2）
　a．エネルギー起源CO_2（燃料の燃焼、他人から供給された電気または熱の使用に伴い排出されるCO_2）
　b．非エネルギー起源CO_2
②メタン（CH_4）
③一酸化二窒素（N_2O）
④代替フロン等4ガス（ハイドロフルオロカーボン類（HFC）、パーフルオロカーボン類（PFC）、六ふっ化硫黄（SF_6）、三ふっ化窒素（NF_3））

図表39　温室効果ガス報告制度の対象事業者

温室効果ガスの種類	主な対象者（例）
エネルギー起源CO_2 （上記①a.）	【特定事業所排出者】 全ての事業所のエネルギー使用量合計が 1,500 kl/年以上となる事業者 ● 省エネ法に規定する特定事業者[146] ● 省エネ法に規定する特定連鎖化事業者[147] ● 上記以外で全ての事業所のエネルギー使用量合計が 1,500 kl/年以上の事業者 【特定輸送排出者】 ● 自らの事業活動に伴って、他人または自らの貨物を輸送している者および旅客を輸送している者のうち、輸送区分ごとに保有する輸送能力が一定基準以上（鉄道 300 両、トラック 200 台、バス 200 台、タクシー 350 台、船舶 2 万総トン（総船腹量）、航空 9,000 トン（総最大離陸重量））である者 ● 省エネ法に規定する特定荷主[148]
上記以外の温室効果ガス （上記①b.②③④）	【特定事業所排出者】 次のア・イの要件をみたす事業者 ア．温室効果ガスの種類ごとに全ての事業所の排出量合計が 3,000 t（CO_2 換算）以上 イ．事業者全体で常時使用する従業員[149]の数が 21 人以上

146　事業者全体のエネルギー使用量（原油換算）が合計して 1,500 kℓ/年以上である事業者をいう（法7③）。
147　フランチャイズチェーン事業（連鎖化事業）を行う事業者が加盟者とエネルギーの使用等に関する定めがある約款等を交わしており、自身の設置する工場等と加盟者の設置する工場等におけるエネルギー使用量（原油換算）の合計が 1,500 kℓ/年以上となる事業者をいう（法19②）。
148　自らの事業に関して自らの貨物を継続して貨物輸送事業者に輸送させる者のうち、自らの貨物の輸送量の合計が 3,000 万トンキロ/年以上となる者をいう（法113②）。
149　「常時使用する従業員」とは、排出量を報告する年の前年4月1日時点で、期間を定めずに使用されている者若しくは1ヶ月を超える期間を定めて使用されている者（社員等の期間が連続して1ヶ月を超える者）、または、同年の2月・3月中にそれぞれ18日以上使用されている者（嘱託、パート、アルバイトも含まれる場合がある）をいう（環境省・経済産業省「温室効果ガス排出量算定・報告マニュアル Ver.5.0」（令和6年2月）Ⅱ-3頁）。

（2）排出量算定の対象となる事業活動

温室効果ガスの排出量の算定の対象となる事業活動の例は、以下のとおりです[150]。

- 燃料の使用
- 代替フロン等4ガスの製造および一定の場合における使用
- 他者から供給された電気・熱の使用
- 原油・天然ガスの試掘・生産、石炭の採掘
- 工場廃水の処理
- 廃棄物の埋立処分
- 廃棄物の焼却若しくは製品の製造の用途への使用・廃棄物燃料の使用
- 燃料を燃焼の用に供する施設・機器における燃料の使用
- ドライアイスの使用
- カーボンブラック等化学製品の製造

2 温室効果ガス排出量の報告

特定事業所排出者は、毎年4月1日から7月31日までの間に、温室効果ガス排出量について報告を行う必要があります（法26①、温室効果ガス算定排出量等の報告等に関する命令4①)[151]。特定輸送排出者は、毎年4月1日から6月30日までの間に、報告を行う必要があります。フランチャイズチェーン（連鎖化事業者)[152]についても、加盟している全事業所における事

---

[150] 算定対象活動は、改正施行令（令和6年4月1日施行）により追加、見直しがなされており、令和5年度の実績を報告する令和6年報告から適用される。例えば、算定報告の対象となる事業活動は温室効果ガスの種類ごとに異なるが、上記改正では、一部の温室効果ガスについてのみ対象となっていた事業活動が、他の温室効果ガスについての対象にも加えられるなどの見直しがなされている。

[151] 報告対象となる算定期間は、代替フロン等4ガスは前年の排出量（暦年ごと）が対象となり、それ以外の温室効果ガスは前年度の排出量（前年4月～当年3月）が対象となる（温室効果ガス算定排出量等の報告等に関する命令3）。エネルギー起源CO_2の排出量の報告は、原則、省エネ法に基づく定期報告書の提出をもって替えることができる（法34）。なお、温室効果ガスの排出量の増減の状況に関する情報など、排出量に関係する情報についても任意で提出することができる。

業活動をフランチャイズチェーンの事業活動とみなして報告を行う必要があります（法26②）。また、温室効果ガスの種類ごとに排出量が年間3,000トン（CO_2換算）以上となる事業所が含まれる場合は、当該事業所の排出量もあわせて報告する必要があります（法26①）（図表40）。

図表40　温対法における排出量算定の流れ

01 排出活動の抽出
温室効果ガスごとに定めた当該温室効果ガスを排出する活動のうち、事業者が行っている活動を抽出します。

02 活動ごとの排出量の算定
抽出した活動ごとに、政省令で定められている算定方法・排出係数を用いて排出量を算定します。

　　　温室効果ガス排出量 ＝ 活動量 × 排出係数

※活動量：生産量、使用量、焼却量など、排出活動の規模を表す指標
※排出係数：活動量当たりの排出量

03 排出量の合計値の算定
温室効果ガスごとに、活動ごとに算定した排出量を合算します。

04 排出量のCO_2換算値の算定
温室効果ガスごとの排出量をCO_2の単位に換算します。

　　　温室効果ガス排出量(tCO_2)
　　　＝ 温室効果ガス排出量(tガス) × 地球温暖化係数(GWP)

※GWP(Global Warming Potential)：温室効果ガスごとの地球温暖化をもたらす程度のCO_2との比

出典：環境省「制度概要」[153]

各事業者から提供された報告書に記載される温室効果ガス排出量の情報は、事業所ごとの排出量等の情報も含め、とりまとめられたうえで公表・開示されます。これに対し、排出量の情報が公にされることにより、排出事業者の権利・競争上の地位その他の正当な利益が害されるおそれがある場合には、一定の情報を開示しないよう求めることができます（法27①）[154]。もっとも、かかる請求は必ずしも認められるわけではないことから、行政との協議を慎重に行う必要があります。

3　罰則・行政処分

　温対法により排出量の報告を義務づけられた事業者が、報告を行わなかった場合あるいは虚偽の報告を行った場合は、20万円以下の過料が科せられる可能性があります（法75（1））。

対応のポイント

- 省エネ法と同様に、温室効果ガスを排出する事業者は、排出量について定期報告を行う必要があることを理解する。
- 定期報告を適切に履行するほか、定期報告の内容を非開示とするための手続きについても検討する。

152　加盟店との間の約款（または加盟店が遵守すべき方針、マニュアル等）に、エネルギーの使用状況の報告や、温室効果ガスの排出を伴う事業活動の状況、これらに係る設備・器具の使用方法等に関する定めがある者をいう。
153　https://ghg-santeikohyo.env.go.jp/about
154　前掲第1章注33　756頁によれば、平成22〜24年度にヤフー、アット東京が、データセンターの規模が明らかになることを防止したいとの理由で請求したが、その後に撤回されたとのことである。

4 条例により温室効果ガス排出量の削減・報告を求められるケース（東京都環境確保条例）

1 規制対象となる温室効果ガス（東京都環境確保条例）

東京都環境確保条例の改正により、令和2年4月から、大規模事業所（オフィス・工場等）への温室効果ガス排出総量削減義務と排出量取引制度の運用が開始されています[155]。対象となる温室効果ガスは、図表41のとおりです。

図表41 東京都環境確保条例の対象となる温室効果ガス

	対象となるガス等	定期報告	削減義務
a. 特定温室効果ガス	エネルギー起源 CO_2	報告の対象	削減義務あり
b. その他ガス ※右の2項目のほか、水の使用、下水への排水も報告対象	非エネルギー起源 CO_2 CO_2 以外のガス（CH_4、N_2O、HFC、PFC、SF_6、NF_3）		削減義務なし

2 各義務を負う対象事業所とその内容

以下、東京都環境確保条例の規制対象となる事業所ごとにその義務の内容を説明します。なお、省エネ法・温対法では、法規制の対象が基本的に事業者単位であるのに対し、東京都環境確保条例は規制対象が事業所単位であることに注意が必要です。

(1) 指定地球温暖化対策事業所

指定地球温暖化対策事業所とは、前年度の燃料、熱、電気の使用量が年間合計1,500 kℓ以上（原油換算）となった事業所をいいます（条例5の7(8)、規則4）。

---

155 猿倉健司「東京都条例その他の脱炭素・温暖化対策条例における排出量削減義務と報告制度」（BUSINESS LAWYERS・2022年7月5日）《https://www.businesslawyers.jp/practices/1449》。

①主な義務の内容・罰則等

指定地球温暖化対策事業所には、毎年、以下などを内容とする各書類の提出・届出が求められます（条例5の8、6、規則4の5、4の23）。

> a.「特定温室効果ガス排出量算定報告書」（前年度のエネルギー使用量（原油換算）・特定温室効果ガス（エネルギー起源CO_2）排出量の算定）
> b.「その他ガス排出量算定報告書」（前年度の「その他ガス」の排出量）
> c.「地球温暖化対策計画書」（その他、特定温室効果ガス（エネルギー起源CO_2）の削減目標と削減計画、実施状況等）

特定温室効果ガスの排出状況等の届出を怠った場合、または虚偽の届出を行った場合は、25万円以下の罰金が科せられる可能性があります（条例160（1））。また、地球温暖化対策計画書の提出を行わなかった場合、または虚偽の報告を行った場合は、50万円以下の罰金（両罰規定あり）が科せられる可能性があります（条例159（1の3））。

②省エネ法・温対法との相違点

これに対して、省エネ法では、特定事業者等に対し、毎年度の事業者全体およびエネルギー管理指定工場等のエネルギー使用量等について、定期報告書を提出することを義務づけています。

また、温対法も、特定事業所排出者に対し、原則として、温室効果ガス排出量についての報告を義務づけていますが、条例とは別途の対応が必要となることから注意が必要です。

(2) 特定地球温暖化対策事業所

特定地球温暖化対策事業所とは、3か年度（年度の途中から使用開始された年度を除く）連続して、燃料、熱、電気の使用量が年間合計1,500kℓ以上（原油換算）となった事業所をいいます（条例5の7（9）、規則4の2）。

①主な義務の内容

特定地球温暖化対策事業所は、「（1）指定地球温暖化対策事業所」の義務となる事項に加えて、以下の対応が必要です（条例5の11、5の13）。

> a. 基準排出量の申請（特定地球温暖化対策事業所となった年度のみ必要）
> b. aに基づく特定温室効果ガス排出量の削減

「b．排出量の削減」については、自らの事業所における削減のみならず、削減義務量不足分の取引による調達（再生可能エネルギーの活用、他の事業所の削減量の調達等）も可能とされています（条例5の11）[156]（図表42）。埼玉県でも、同様の制度を採用しています[157]。

削減義務が未達成に終わった場合、措置命令がなされ、義務不足量の最高1.3倍の削減を求められることがあります（条例8の5（1））。これに従わない場合には、50万円以下の罰金（条例159（1））、違反事実の公表（条例156②）がなされる可能性があります。

②省エネ法との相違点

省エネ法では、消費エネルギーの低減目標の達成を努力義務と規定しているのに対し、東京都環境確保条例では、低減目標の達成のための削減を義務として規定していることから注意が必要です。

（3）指定相当地球温暖化対策事業所

指定相当地球温暖化対策事業所とは、前年度の燃料、熱、電気の使用量が年間合計1,500 kℓ以上（原油換算）となった事業所で、中小企業等がその所有権・所有持分の1／2以上を保有している事業所をいいます。

指定相当地球温暖化対策事業所は、総量削減義務の対象ではありませんが、

---

[156] 5年間の削減計画期間の終了までに削減義務が達成できない場合、他社が削減した分を買い取って自社が削減できなかった分を相殺させる、クレジットを取得するという選択肢がある。その他、排出量取引制度については、前掲第1章注26 615頁、同第1章注33 775頁等も参照。

[157] 埼玉県「目標設定型排出量取引制度」（2024年6月6日）《https://www.pref.saitama.lg.jp/a0502/torihikiseido.html》。

図表42　東京都における総量削減義務履行の手段

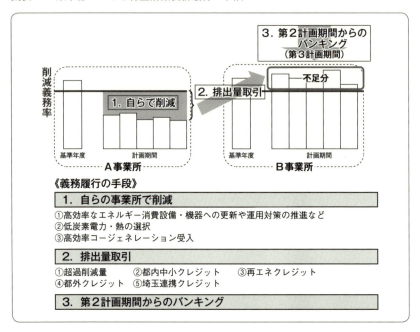

出典：東京都環境局「大規模事業所への温室効果ガス排出総量削減義務と排出量取引制度（概要）」[158] 47頁

地球温暖化対策を推進する組織体制の整備および温室効果ガスの排出量の把握に努め、指定地球温暖化対策事業所に準じた対策（地球温暖化対策計画書の提出・公表）をとるものとされています。

3　東京都環境確保条例におけるその他の制度

東京都環境確保条例では、大規模事業所からの温室効果ガス排出量の削減のほかに、中小規模事業所からの温室効果ガス排出量の削減、地域におけるエネルギーの有効利用、建築物に係る環境配慮の措置等も規定されています（条例8の23、17の2、18）。

158　https://www.kankyo.metro.tokyo.lg.jp/documents/d/kankyo/gaiyou24

また、都内において30台以上の自動車を使用する事業者に対して、令和4〜8年度の自動車環境管理計画書の提出、および、毎年度の実績報告書の提出を義務付けています（科料の罰則、両罰規定あり）（条例28、29、規則16①）。

4　その他の自治体の条例による規制

東京都に限らず、例えば「大阪府気候変動対策の推進に関する条例」でも同様に大規模事業所規制がなされていますので、その対象・要件や求められる手続き（計画策定、実施状況の報告等）について十分に確認することが必要です[159]。

対応のポイント

- 省エネ法や温対法による報告とは別途、独自に温室効果ガス削減の取組に関して報告することが求められるほか、法令とは異なる規制があること、およびその規制内容を把握することが必要である。
- 関係する全ての管轄自治体の条例についても、もれなく適切に対応することが必要となる。

159　大阪府「大阪府気候変動対策の推進に関する条例」（更新日：2024年8月8日）《https://www.pref.osaka.lg.jp/chikyukankyo/ondankaboushi_jourei/index.html》。

5 製品からのフロン類の漏出に関する規制（フロン排出抑制法）

1 規制概要・規制対象（フロン排出抑制法）

事業者等に対してフロン類の使用の合理化（削減等）や製品に使用されるフロン類の管理の適正化を求めるのが、フロン排出抑制法です。

2 規制対象となるフロン類使用製品と管理者等

（1）フロン類

フロン排出抑制法が対象とするフロン類は、以下のとおりです（法2①）。

①クロロフルオロカーボン（CFC）およびハイドロクロロフルオロカーボン（HCFC）のうち、オゾン層保護法で特定物質として規制されている物質
②ハイドロフルオロカーボン（HFC）のうち、温対法において温室効果ガスとして規制されている物質

（2）第一種特定製品

以下の①～③の全てに当てはまる機器が「第一種特定製品」となります（法2③④）。

①フロン類を冷媒として使用するエアコンディショナーまたは冷凍冷蔵機器であるもの
②業務用として製造・販売された機器であるもの
③第二種特定製品ではないもの
　※第二種特定製品とは、自動車（自動車リサイクル法が適用されない、大型特殊自動車、小型特殊自動車、被牽引車等は除く）に搭載されたエアコンディショナーのうち、乗車のために設備された場所の冷暖房の用に供するものをいう。

（3）管理者

　フロン排出抑制法では、「機器からのフロン類の漏えいに実質的な責任を持ち、漏えい抑制のために必要な行動（費用の負担の判断等）をとることができる者」を「管理者」として、フロン類使用製品の使用、整備発注および廃棄等を管理する責任を負わせています[160]。

3　事業者に求められる措置

（1）指定製品製造業者等が講ずべき措置

　指定製品を製造・輸入等する事業者は、国が指定製品ごとに定める「指定製品の製造業者等の判断の基準となるべき事項」（法12）に従い、下記のフロン類の使用の合理化（フロン類の製造等の量の削減）への取組が求められます。

- 指定製品に使用されるフロン類のGWP（地球温暖化係数）の低減
- 製品の設計・製造等におけるフロン類の充填量の低減
- 使用するフロン類などに関する表示の充実

（2）第一種特定製品の管理者が講ずべき措置

①管理者判断基準の遵守

　第一種特定製品（業務用冷凍空調機器）の管理者は、以下の「第一種特定製品の管理者の判断の基準となるべき事項」（以下、「管理者判断基準」）[161]を遵守する義務があります。

- 管理する第一種特定製品の設置環境・使用環境の維持保全
- 簡易点検・定期点検

160　原則として当該製品の所有者が管理者となるが、契約書等において、所有者以外が保守・修繕の責務を負うこととされているリース契約等の場合は、その責務を負う者が管理者となる。
161　平成26年経済産業省・環境省告示13号。なお、管理者判断基準によれば、第一種特定製品からのフロン類の漏えい事故等が生じた際には、速やかに製品の点検や修理を行うことが求められる（管理者判断基準第3の1）。

- 漏えいや故障等が確認された場合の修理を行うまでのフロン類の充填の原則禁止
- 点検・整備の記録作成・保存

②第一種特定製品の廃棄

　第一種特定製品の廃棄等をする場合、原則として自らまたは設備業者・廃棄物業者等に委託して、第一種フロン類充填回収業者に対しフロン類を引き渡す必要があります（法41）。その際、法令で定める事項を記載した委託確認書、回収依頼書等の交付が必要となります（法43①②）（図表43）。

図表43　廃棄時等のフロン類の流れ

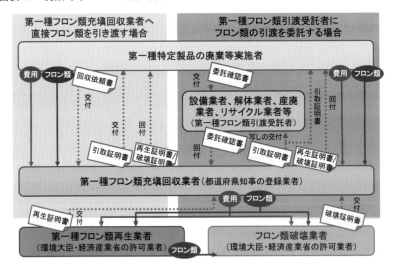

出典：環境省・経済産業省「フロン排出抑制法の概要（フロン類算定漏えい量報告・公表制度説明会）」（平成28年5月）[162] 13頁を基に作成

162　https://www.env.go.jp/content/900448481.pdf

4　罰則・行政処分

　管理者判断基準を遵守しない場合、指導・助言がなされることがあります（法17）。さらに、一定規模以上の第一種特定製品を使用等する管理者に対しては、当該製品の使用等の状況が管理者判断基準に照らして著しく不十分である場合に、勧告、公表がなされることがあり、また、管理の適正化を講ずべき命令（措置命令）がなされることもあります（法18①〜③）。

　また、第一種特定製品の廃棄等を行う場合に、第一種フロン類充填回収業者以外にフロン類の回収を依頼した場合は、50万円以下の罰金（両罰規定あり）が科される可能性があります（法104（2）、108）。委託確認書・回収依頼書を交付せず、または所定事項を記載せず若しくは虚偽の記載をして交付した場合には、30万円以下の罰金（両罰規定あり）が科される可能性があります（法105（2）、108）。さらに、みだりに特定製品に冷媒として充填されているフロン類を大気中に放出した場合には、1年以下の懲役または50万円以下の罰金（両罰規定あり）が科される可能性があります（法103（13）、108）。

　ケース2-33、ケース2-34のとおり、違反により書類送検までなされたケースも公表されています。

ケース2-33　東京都・令和3年[163]

● 自動車販売業者がエアコンディショナーに冷媒として充填されているフロン類の第一種フロン類に関し充填回収業者への引渡しを委託する際に、法令で定める事項を記載した委託確認書を交付しなかったこと、また、解体工事業者が営業所の解体工事に関してエアコンディショナーに冷媒として充填されているフロン類の第一種フロン類を大気中にみだりに放出したことを理由に、フロン排出抑制法違反により書類送検がなされた事例。

ケース2-34　東京都・令和4年[164]

● 中古電化製品販売業者が、重機を使用し業務用エアコンディショ

ナーを破壊し同エアコンディショナー内に充填されていたフロン類を大気中にみだりに放出したことを理由に、フロン排出抑制法違反により書類送検がなされた事例。
- 金属買取業者が、業務用エアコンディショナーを引き渡したにもかかわらず引取証明書の写しを回付しなかったこと、第一種フロン類充填回収業者でない者に対し、業務用エアコンディショナーに冷媒として充填されたフロン類を引き渡したことを理由に、フロン排出抑制法違反により書類送検がなされた事例。

対応のポイント

- エアコンその他フロン類使用製品を事業上使用する管理者には、遵守すべき基準や廃棄の際の規制が定められていることを理解する。
- 事業者は、これらの手続きをいずれも適切に実施する必要がある。

163、164　東京都「フロン類の使用の合理化及び管理の適正化に関する法律違反事件被疑者らの検挙について（情報提供）」《https://www.metro.tokyo.lg.jp/tosei/hodohappyo/press/2021/11/09/documents/05_01.pdf》。

6 フロン類漏えい量の定期報告が必要となるケース（フロン排出抑制法）

1 報告対象者（特定漏えい者）

年間の算定漏えい量が1,000 t（CO_2換算）以上の者（特定漏えい者）は、算定漏えい量の報告を行う必要があります（法19①、フロン類算定漏えい量等の報告等に関する命令3）。事業者単位で、①全国合計量、②都道府県ごとの合計量の報告をする必要がありますが、1つの事業所において1,000 t（CO_2換算）以上の漏えいを生じた場合は、当該事業所に関する漏えい量についても、事業者単位のものとあわせて報告を行う必要があります（フロン類算定漏えい量等の報告等に関する命令4②）。また、一定の要件を満たすフランチャイズチェーン（連鎖化事業者）は、加盟している全事業所における事業活動をフランチャイズチェーンの事業活動とみなして報告する必要があります（法19②）。

2 フロン類漏えい量の算定・報告

第一種特定製品の管理者は、管理する第一種特定製品の使用等に際して排出されるフロン類の量を算定した結果[165]、当該算定量（フロン類算定漏えい量）が1,000 t（CO_2換算）以上となる場合、前年度のフロン類算定漏えい量等を報告する必要があります。算定量の報告期間は、毎年4月1日から7月31日までであり、当該期間に、前年度の算定漏えい量について報告書等を提出する必要があります（フロン類算定漏えい量等の報告等に関する命令4②）。フロン類算定漏えい量の報告内容は、企業名を含め公表・開示されることになります（法20④）[166]（図表44）。

---

[165] 第一種特定製品から漏えいしたフロン類の量は直接には把握ができないことから、算定漏えい量は第一種フロン類充塡回収業者が発行する充塡証明書および回収証明書から算出する。

[166] 環境省・経済産業省「フロン類の使用の合理化及び管理の適正化に関する法律に基づくフロン類算定漏えい量報告・公表制度による令和4（2022）年度フロン類算定漏えい量の集計結果」（令和6年3月8日）《https://www.env.go.jp/earth/furon/files/r04_calc_result.pdf》。

図表44　フロン類算定漏えい量の報告・公表の流れ

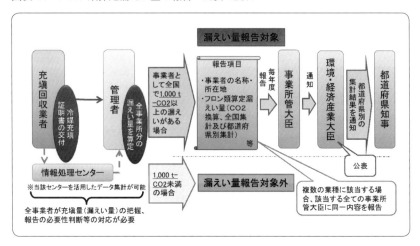

出典：環境省・経済産業省「フロン類の使用の合理化及び管理の適正化に関する法律（フロン排出抑制法）第一種特定製品の管理者等に関する運用の手引き〔第3版〕」（令和3年4月）[167] 45頁を基に作成

なお、企業は、関連情報として、下記であげる情報を任意で報告することができます（法23、フロン類算定漏えい量等の報告等に関する命令6）。

①フロン類算定漏えい量の増減の状況・増減理由等
②フロン類算定漏えい量の管理第一種特定製品の種類ごとの内訳・台数・年間漏えい率等
③フロン類算定漏えい量の削減に関し実施した措置等
④フロン類算定漏えい量の削減に関し実施を予定している措置等

3　罰則・行政処分

算定漏えい量報告の対象事業者であるにも関わらず、報告をせずまたは虚偽の報告をした事業者は、10万円以下の過料に処せられる可能性がありま

167　https://www.env.go.jp/earth/furon/files/r03_tebiki_kanri_rev3.pdf

す（法109（1））。

　対応のポイント

- 事業場に設置するエアコン、冷蔵機器などから漏えいするフロン類が年間1,000 t 以上となる場合には、漏えい量の報告が必要となり、それが公表・開示される可能性があることを理解する。
- 対象企業は、定期報告を適切に実施する。

VI 産業廃棄物を処理・リサイクルする場面におけるポイントとリスク

1 事業活動により生じる廃棄物についての規制（廃掃法）

1 規制概要（廃掃法）

廃棄物の排出を抑制し、廃棄物の適正な分別、保管、収集、運搬、再生、処分等の処理をすることを目的とするのが廃掃法です。

事業者に対し、その事業活動に伴って生じた廃棄物を自らの責任において適正に処理しなければならないこと、廃棄物の再生利用等を行うことによりその減量に努めることなどが求められています。

また、廃棄物を排出する事業者に対し、産業廃棄物処理計画や計画の実施状況報告書のほか、処理を委託する事業者に交付する産業廃棄物管理票交付状況の報告書等を毎年提出することを義務付けています。

2 規制対象（廃棄物）

廃掃法では、ごみ、粗大ごみ、燃え殻、汚泥、ふん尿などの汚物または不要物であって固形状および液状のものを「廃棄物」と定義しています（法2①）。

この廃棄物のうち、事業活動に伴って発生するもので、廃掃法で定められたものを「産業廃棄物」といい、「燃え殻、汚泥、廃油、廃酸、廃アルカリ、廃プラスチック類その他政令で定める廃棄物」等と定義されています（法2④）[168]。なお、政令で指定される産業廃棄物については、排出業種等による限定がなされているため、注意が必要となります。

これに対して、この定義にあてはまらない廃棄物は、一般廃棄物（法2

---

168 なお、産業廃棄物のうち、廃油やPCB汚染物等、人の健康または生活環境に係る被害を生ずるおそれがある性状を有するものとして政令で定めるものを「特別管理産業廃棄物」という（法2⑤）。

②）となります。

産業廃棄物についての処理は排出した事業者の責任とし、他方で、一般廃棄物についての処理は基本的に市町村の責任としています。なお、事業活動に伴って生じた廃棄物であっても、「産業廃棄物」の定義に含まれなければ「事業系一般廃棄物」として一般廃棄物の区分で取り扱われることになります。家庭から出たごみだけが一般廃棄物となるわけではないので注意が必要です。

2　産業廃棄物の運搬・処理を許可業者に委託するケース（廃掃法）

1　産業廃棄物の排出事業者責任とマニフェスト制度

産業廃棄物については、排出事業者に処理責任があります（法11）。排出事業者が自ら処理を行うこともできますが、第三者に処理を委託することもできます。多くのケースでは、専門の事業者に処理を委託しているかと思いますが、そのような場合でも、処理責任はあくまでも委託した排出事業者にあることに注意が必要です。

廃掃法では、処理を委託した排出事業者に多くの義務を課しています。例えば、排出事業者は、産業廃棄物の収集運搬と処分を委託する場合には、収集運搬と処分それぞれについて業許可を有している事業者に委託する必要があります（法12⑤）。また、委託するにあたっては、政令で定める委託基準（法12⑥）に従う必要があります。

（1）委託先事業者の確認

まず、委託先が産業廃棄物処理業許可を有するかどうかを、許可書（期限の有効なもの）により確認することに加え、処理を委託する産業廃棄物の種類が許可を有する範囲のものに含まれることなどを確認する必要があります。

（2）委託契約の締結

許可を得ている収集運搬業者・処分業者との間で、法令で定める記載事項が全て記載された委託契約を締結する必要があります（それぞれ二者契約）。

委託契約書の法定記載事項（施行令6の2（4））には、産業廃棄物の種類・数量、料金、運搬先、最終処分先などがあります。法定記載事項が欠落した場合は、委託基準違反となり、排出事業者がその責任を負うことになります。契約内容の不備も排出事業者の責任となりますので、法定記載事項が全て含まれているかを適切に確認することが必要です。

契約書面は、契約終了後5年間保存することが求められます（施行令6の2（5）、施行規則8の4の3）。

（3）マニフェスト制度

産業廃棄物の処理を委託する場合、適切な運搬・処分がなされることを確保するために産業廃棄物管理票（マニフェスト）制度が採用されています。排出事業者は、収集運搬・処理を委託する際にマニフェストを交付します（法12の3）。マニフェストには、法定記載事項（日付、交付者名、廃棄物の種類・量など）を漏れなく記載する必要があります。そのうえで、委託した業者が一定期間内に処理を終了したかどうかを確認し、都道府県知事への報告書の提出等をする必要があります（図表45）。

図表45　産廃マニフェストの流れ

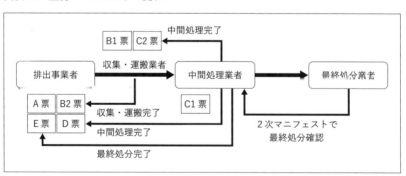

出典：環境便利帳「産廃マニフェストの運用解説」（DOWAエコジャーナル）[169]を基に作成

---

[169]　https://www.dowa-ecoj.jp/benri/2010/20101201.html

排出事業者は、送付された各マニフェストを照合し、適切な処分が行われたことを確認することが求められます。また、法定の期限内にマニフェストの写しが送付されないとき、または記載漏れ・虚偽の写しの送付を受けたときは、必要な措置を講じ、30日以内に都道府県知事等へ報告する必要があります（法12の3⑧、施行規則8の29）。

　マニフェストは、その交付または送付を受けた日から5年間保存する必要があります（法12の3⑥、施行規則8の26）。また、毎年6月末までに、都道府県知事等に対してマニフェスト交付状況報告書を提出することが求められます（法12の3⑦、施行規則8の27、様式3）。

（4）排出事業者による処理の実地確認

　排出事業者は、「産業廃棄物の処理の状況に関する確認を行い、当該産業廃棄物について発生から最終処分が終了するまでの一連の処理の行程における処理が適正に行われるために必要な措置を講ずるように努めなければならない」とされています（法12⑦）。

　令和5年3月31日、環境省は、廃棄物の処理が適正に行われていることを実質的に確認することができるのであれば、実地に赴いて確認することに限られず、デジタル技術を活用して確認することも可能であるとの見解を公表しました[170]。確認方法の例として、電磁的記録による許可内容や帳簿等の確認、オンライン会議システム等を用いて処理状況や管理体制の聴取を行うことなどがあげられています[171]。

　他方で、条例による規制としては、現在、20自治体が実地確認を義務付けています[172]（図表46）。

---

[170] 環境省「デジタル原則を踏まえた廃棄物の処理および清掃に関する法律等の適用に係る解釈の明確化等について（通知）」（令和5年3月31日付け環循適発第23033125号・環循規発第23033110号）《https://www.env.go.jp/content/000126058.pdf》。

[171] これに伴い「排出事業者責任に基づく措置に係るチェックリスト」も改定された（環境省環境再生・資源循環局廃棄物規制課「排出事業者責任に基づく措置に係るチェックリスト」（平成29年6月、令和5年3月一部改訂））。《https://www.env.go.jp/content/000126051.pdf》。

[172] 宮内達朗「2023年、現地確認の義務化自治体とその実施方法に関する自治体見解、最新動向！」（おしえてアミタさん、更新日：2023年11月27日）《https://www.amita-oshiete.jp/qa/entry/015372.php》。

図表 46　条例による実地確認等の義務付けの状況（令和 5 年 7 月現在）

概要	件数	詳細
実地確認の義務あり	20 自治体	岩手県、宮城県、愛知県などの 10 都道府県と 10 政令市
処理状況確認の義務あり・実地確認は努力義務等	15 自治体	新潟県、長野県、広島県などの 6 都道府県と 9 政令市
処理状況確認の努力義務あり	6 自治体	石川県や相模原市などの 2 都道府県と 4 政令市

　確認のための措置として求められる内容は、自治体によってかなりの違いがあるので注意が必要です。例えば、自ら実地調査する方法だけでなく、電話その他の通信手段を用いて調査する方法を認める例もあります。また、処理業者が産業廃棄物の不適正な処理を行うおそれがあることを認識したときに、必要な措置を講ずるとともに当該措置等の概要を知事に報告することが求められる例や、実地確認の結果を記録し保存することが求められる例もあります。

（5）罰則・行政処分がなされた実例

　委託基準に違反して産業廃棄物の処理を委託した場合（委託契約書に必要事項が漏れていた場合や、契約書を作成していない場合）、3 年以下の懲役若しくは 300 万円以下の罰金（両罰規定あり）に処し、または併科される可能性があります（法 26（1）、32①（2））。また、許可のない処理業者に処理を委託した場合は、5 年以下の懲役若しくは 1,000 万円以下の罰金（両罰規定あり）または併科される可能性があります（法 25①（6）、32①（2））。

　業者に委託した処理等が基準に適合しておらず生活環境の保全上支障が生じた場合には、都道府県知事から当該支障の除去等の措置を講ずべき旨の命令（措置命令）がなされることがあります（法 19 の 5①（2）、19 の 6）。措置命令に違反した場合は、5 年以下の懲役若しくは 1,000 万円以下の罰金（両罰規定あり）または併科される可能性があります（法 25①（5）、32①（2））。

ケース2-35 のように、自治体の職員ですら許可を得ていない業者であることを見過ごしたままに委託してしまうケースもあるので注意が必要です。

> ケース2-35　東京都・令和2年
> ● 不要になったエアコンなど産業廃棄物の処分を無許可の業者に委託していたとして、区と区職員24人が廃掃法違反容疑で書類送致された事例。

　マニフェストの交付義務、所定事項の記載義務、保存義務に違反した場合には、1年以下の懲役または100万円以下の罰金（両罰規定あり）または併科される可能性があります（法27の2①～⑤、32①（2））。またマニフェストの義務を遵守していないときは、都道府県知事から、産業廃棄物の適正な処理に関し必要な措置を講ずべき旨の勧告がなされ、勧告に従わなかったときは公表されることがあります。なお、正当な措置をとらなかったときは、勧告に係る措置をとるべき旨の命令（措置命令）がなされることもあります（法12の6）。この命令に違反した場合、1年以下の懲役または100万円以下の罰金（両罰規定あり）が科される可能性があります（法27の2⑪、32①（2））。

COLUMN 8

グループ会社での廃棄物の一括処理・委託

　グループ会社各社の廃棄物を一括して処理業者に委託するケースがありますが、グループ会社であってもあくまで別法人であるため、処理ないしその委託を、業許可のないグループ会社に代理・委託させることができるわけではありませんので、注意が必要です。

　また、平成29年の廃掃法改正により、親子会社による一体的処理の特例が規定されましたが（法12の7）、その認定基準は厳格であることなどから、利用実績はほとんどないようです[173]。

2　条例による規制

前記の実地確認のほかにも、各自治体の条例により廃掃法とは異なる規制・手続きが求められているケースも多くあります[174]（図表47）。

図表47　条例による規制の例

a.	廃棄物管理責任者の選任
b.	法令で求められる特別管理産業廃棄物管理責任者の選任に加えて、届出
c.	産業廃棄物処理場の実地確認
d.	法令で管理計画提出が求められる多量排出事業者の対象拡大
e.	大規模排出事業者・処理業者に報告義務・公表
f.	廃棄物の発生場所以外で保管する場合の届出
g.	廃棄物を自社処理する場合のマニフェスト交付
h.	産業廃棄物処理施設を設置するにあたり合意形成手続き、立地制限
i.	届出対象となる産業廃棄物処理施設設置の拡大
j.	事業系一般廃棄物の多量排出事業者に廃棄物減量計画の提出義務
k.	事業系一般廃棄物の保管基準

対応のポイント

- 産業廃棄物については、その処理委託について詳細に基準が設けられており、条例で求められているものも含めて講じるべき措置が数多くあることから、これらをいずれも理解する必要がある。
- 業者に処理を委託した場合であっても、その責任はあくまで排出事業

173　前掲第1章注26　467頁。
174　市町村が処理責任を持つ事業系一般廃棄物を排出する事業者への規制についても、自治体ごとにルールが異なる。例えば、一定量を超える事業系一般廃棄物については、収集・運搬許可業者と直接契約する、または自社運搬のみを認める例や、事業系一般廃棄物を多量に排出する事業者に対して、廃棄物管理責任者の選任・届出義務、毎年の減量計画提出義務、廃棄物管理票の使用義務を課す例もある（川崎市「事業系一般廃棄物多量・準多量排出事業者について」(2024年4月2日))。《https://www.city.kawasaki.jp/300/page/0000013364.html》。

者にあることから、業者の選定・指示を適切に行うことはもちろんのこと、処理が適切に行われていることについても確認する必要がある。

3 製造過程で発生した副産物を他の製品の原材料に再利用するケース（廃掃法）

1　リサイクルを目的とする廃棄物の再生利用・転用

　グループ会社や他社の製品の製造工程で生じる副生物・副産物を他の事業の材料として転用・再利用する場面や、発電燃料資源として利用する場面など、廃掃法その他の環境・廃棄物に関する法規制により、許認可や届出等の様々な手続きが必要となる場合があります（詳細は、第1章第Ⅱ節❸参照）。廃掃法においては、産業廃棄物の「再生」（廃棄物から原材料等の有用物を得ること、または処理して有用物にすること）も最終処分の一態様としてあげられていますので、再生されるまでの間は、廃棄物と同様の規制を受けることになります（環境省通知[175]）。

2　廃掃法が適用される「不要物」かどうかの判断基準

　事業者がリサイクルを目的として処理または処理委託をする対象物が、廃掃法上の「不要物」なのか、そうではないのかの判断は容易ではありません。

（1）環境省通知

　廃棄物にあたるか否かの判断基準は、環境省通知において、詳細に規定されています（以下、抜粋）。

---

[175] 環境省通知（前掲第1章注1）において、「再生後に自ら利用または有償譲渡が予定される物であっても、再生前においてそれ自体は自ら利用または有償譲渡がされない物であることから、当該物の再生は廃棄物の処理であり、法の適用がある」と説明されている。なお、大阪府「廃掃法の対象となる廃棄物か？（FAQ）」《https://www.pref.osaka.lg.jp/jigyoshoshido/report/faq_2.html》なども同旨。

- 廃棄物とは、占有者が自ら利用し、または他人に有償で譲渡することができないために不要となったものをいい、これらに該当するか否かは、その物の性状、排出の状況、通常の取扱い形態、取引価値の有無および占有者の意思等を総合的に勘案して判断すべきものである
- 以下は各種判断要素の一般的な基準を示したものであり、物の種類、事案の形態等によってこれらの基準が必ずしもそのまま適用できない場合は、適用可能な基準のみを抽出して用いたり、当該物の種類、事案の形態等に即した他の判断要素をも勘案するなどして、適切に判断されたい

    ア　物の性状

    利用用途に要求される品質を満足し、かつ飛散、流出、悪臭の発生等の生活環境の保全上の支障が発生するおそれのないものであること

    イ　排出の状況

    排出が需要に沿った計画的なものであり、排出前や排出時に適切な保管や品質管理がなされていること

    ウ　通常の取扱い形態

    製品としての市場が形成されており、廃棄物として処理されている事例が通常は認められないこと

    エ　取引価値の有無

    占有者と取引の相手方の間で有償譲渡がなされており、なおかつ客観的に見て当該取引に経済的合理性があること

    実際の判断に当たっては、名目を問わず処理料金に相当する金品の受領がないこと、当該譲渡価格が競合する製品や運送費等の諸経費を勘案しても双方にとって営利活動として合理的な額であること、当該有償譲渡の相手方以外の者に対する有償譲渡の実績があること等の確認が必要であること

    オ　占有者の意思

> 客観的要素から社会通念上合理的に認定し得る占有者の意思として、適切に利用し若しくは他人に有償譲渡する意思が認められること、または放置若しくは処分の意思が認められないこと。
> なお、占有者と取引の相手方の間における有償譲渡の実績や有償譲渡契約の有無は、廃棄物に該当するか否かを判断する上での１つの簡便な基準に過ぎない

（２）再生リサイクル・逆有償の問題

　実務上特に問題となるのは、上記の環境省通知の「ウ　通常の取扱い形態」や「エ　取引価値の有無」の点です。廃棄物（不要物）といえるのかどうかの判断基準に関し、対象物（産業廃棄物であるかどうかが問題となっている物）を第三者に有償で売却していても、当該第三者の支払う輸送料や引取料の方が高額な場合は、廃棄物（不要物）に該当するとする「逆有償」という考え方があります[176]。

　逆有償の考え方は、行政実務においても採用されており、「産業廃棄物の占有者（排出事業者等）がその産業廃棄物を、再生利用又は電気、熱若しくはガスのエネルギー源として利用するために有償で譲り受ける者へ引渡す場合の収集運搬においては、引渡し側が輸送費を負担し、当該輸送費が売却代金を上回る場合等当該産業廃棄物の引渡しに係る事業全体において引渡し側に経済的損失が生じている場合であっても、少なくとも、再生利用又はエネルギー源として利用するために有償で譲り受ける者が占有者となった時点以降については、廃棄物に該当しないと判断しても差し支えないこと」と説明されています[177]。

---

[176] この考え方は、例えば、リサイクル製品・再生製品（例：再生砂・改良土）を100万円で販売していたとしても、その輸送料や引取料が200万円だった場合、当該製品の販売者は購入者に対してその差額の100万円で当該製品を引き取ってもらっている（不要なものとして処理してもらっている）のと変わりないという発想に基づく。

[177] 環境省「『規制改革・民間開放推進３か年計画』（平成16年３月19日閣議決定）において平成16年度中に講ずることとされた措置（廃棄物処理法の適用関係）について」（平成17年３月25日付け環廃産発050325002号。改正：平成25年３月29日付け環廃産発第130329111号）。

(3) 環境省通知とは異なる再生利用に関する裁判例

裁判例において、廃棄物（不要物）といえるのかどうかについて判断がなされたリーディングケースにおいては、「『不要物』とは、自ら利用しまたは他人に有償で譲渡することができないために事業者にとって不要になった物をいい、これに該当するか否かは、その物の性状、排出の状況、通常の取り扱い形態、取引価値の有無および事業者の意思等を総合的に勘案して決するのが相当」であると判断しています（最決平成11年3月10日判タ999号301頁）。環境省通知はこの最高裁判所の判断と基本的には同様であるものの、必ずしも同一ではありません。実務上も、裁判所は行政庁の解釈を尊重するとは考えられるものの、行政庁・自治体と異なる判断をする例も数多くあります[178]。

例えば、ケース2-36、ケース2-37は、行政解釈とは異なる判断があり得る（有償取引ではなくても直ちに廃棄物（不要物）と判断されるわけではない）ことを示しています。ただし、その場合であっても、再生利用が事業として確立され、適正に管理されるなどの客観的な事情があることが前提となります[179]。

ケース2-36 水戸地判平成16年1月26日判例秘書L05950124

- 「再生利用を予定する物の取引価値の有無ないしはこれに対する事業者の意思内容を判断するに際しては、有償により受け入れられたか否かという形式的な基準ではなく、当該物の取引が、排出業者ないし受入業者にとって、それぞれの当該物に関連する一連の経済活動の中で価値ないし利益があると判断されているか否かを実質的・個別的に検討する必要があると解される」

---

[178] 前掲第1章注6 394-396頁、猿倉健司「事業上生じる副生物・廃棄物を他のビジネスに転用・再利用する場合の留意点」（Business & Law・2023年9月14日）《https://businessandlaw.jp/articles/a20230914/》。

[179] 詳細については、前掲第1章注22 245頁、同第1章注26 463頁も参照。

第2章　事業の各場面における環境法規制のポイントとリスク

> **ケース2-37** 名古屋高判平成17年3月16日判例集未搭載
> ●「廃棄物に該当するかの判断における有償譲渡可能性の要件については、他の合理的な理由がある場合等においては、絶対的、画一的な基準ということまではいえず、その可能性があるという程度でも足りる」

　以上のほか、実務上は非常に多くの場面で、廃棄物として扱う必要があるのか、有価物として規制対象外となるのかが問題となります。特に、リース終了時のリース品の処分（排出事業者が誰か）や、保管品の処分（排出事業者が誰か）が問題となるケース、グループ会社内での不要品の取扱い（処理委託代行が可能か）が問題となるケースなど、著者が見るだけでも極めて多くの企業で検討がなされています[180]。

対応のポイント

- 製造する過程で発生する残渣・端布その他の副産物を原材料として転用・再利用するケースであっても、基本的には再利用を行う状態となるまでの間は廃掃法の規制がかかることを理解する。
- 廃掃法の手続きに従う必要があるか、廃掃法の対象外（廃棄物ではない）として扱うことができるかの判断については、環境省の通知や裁判例等を踏まえて、専門家や行政に相談のうえで慎重に検討する。

180　建築工事や解体工事で生じる廃棄物の処理に関する問題点については、猿倉健司「建設廃棄物処理およびリサイクルの法規制と実務上の留意点」（BUSINESS LAWYERS・2020年11月2日）参照。《https://www.businesslawyers.jp/articles/841》。

自社で発生した産業廃棄物を敷地内で保管するケース（廃掃法）

1　産業廃棄物の保管基準

　産業廃棄物が発生した場合、その処理を業者に委託することを予定している場合であっても、それ以前の段階において自社の敷地内にこれを保管する場合には、保管場所で産業廃棄物が拡散したり、汚染が発生したりすることを防止するための措置等、廃掃法の保管基準を遵守する必要があります（法12②）。

　産業廃棄物の保管基準に適合しない保管が行われた場合、都道府県知事から、保管方法の変更その他必要な措置を講ずべき旨の命令（改善命令）がなされることがあります（法19の3（2））。改善命令に違反した場合は、3年以下の懲役若しくは300万円以下の罰金（両罰規定あり）または併科される可能性があります（法26（2）、32①（2））。また、産業廃棄物保管基準に適合しない保管により、生活環境の保全上支障が生じたときは、都道府県知事から、その支障の除去等の措置を講ずべき旨の命令（措置命令）がなされることがあります（法19の5①（1））。措置命令に違反した場合は、5年以下の懲役若しくは1,000万円以下の罰金（両罰規定あり）または併科がなされる可能性があります（法25①（5）、32①（2））。

2　産業廃棄物の放置と不法投棄の禁止

　廃掃法は、「何人も、みだりに廃棄物を捨ててはならない」（法16）として廃棄物の投棄を禁止しており、5年以下の懲役若しくは1,000万以下の罰金（企業の場合は3億円以下の罰金）または併科がなされる可能性があります（法25①（14）、32①（1））。

　事業場で生じた不要物を自社の敷地内に放置する場合なども、その態様・期間によっては、廃棄物の不法投棄であると判断されることがあります[181]。なお、敷地内であっても、事業上発生した廃棄物を許可なく埋め立てていいということにはならず、ケース2-38のように、廃掃法上の不法投棄と判断

されることがあります[182]。

> **ケース2-38** 兵庫県・令和5年
> ● 自社の工場敷地内に保管していた廃プラスチック類などに汚泥を敷きならし、その上に再生砕石をかぶせた事案。産業廃棄物を不法投棄したとして、廃掃法に基づく行政処分がなされ、産業廃棄物処分業、同収集運搬業の許可、産業廃棄物処理施設の設置許可も取り消された。

　また、いったん掘り起こした廃棄物をもともとそれが存在していた地中に埋め戻す場合であっても、その時点で不法投棄となります[183]。さらに、埋め戻しをしなかった場合であっても、合理的な理由なく長期間放置しておくことで、廃棄物（不要物）の投棄と判断されることもあります。所有地内で廃棄物の不法投棄（不適切な処理）がなされていることを認識した場合に、廃掃法や条例で、自治体に報告する努力義務が規定されていることもありますので、注意が必要です（法5）。
　廃掃法をはじめとする環境関連法令違反に対しては、官庁、自治体からの積極的な刑事告発が行われており、企業にとっては、事業の存続を脅かす致命的なリスクにつながりかねません。以上のような事態を避けるためには、廃棄物を自社敷地内で保管する場合に、保管基準に従った適切な取扱いが必要となります。

181　厚生省「野積みされた使用済みタイヤの適正処理について」（平成12年7月24日付け衛産95号）《https://www.env.go.jp/hourei/11/000326.html》。保管・処分・放置等の関係については、前掲第1章注22　250頁、同第1章注33　456頁等も参照。
182　仙台高判平成17年3月1日高刑速平成17年337頁、最決平成18年2月20日刑集60巻2号182頁等参照。
183　厚生省通達（前掲第1章注44）も、地下工作物を埋め殺そうとする時点から当該工作物は廃棄物となり法の適用を受けるとの見解を示している。

対応のポイント

- 産業廃棄物を自社の敷地内で保管する場合、その後に処理を予定していても保管基準が適用されるほか、その態様等によっては不法投棄と判断されるおそれもあるため、保管基準に従った適切な保管およびその後の処理委託が必要となる。

5 多量の産業廃棄物処理等の定期報告が求められるケース（廃掃法）

上記に加え、廃掃法は、廃棄物を多量に排出する事業者（多量排出事業者）に対し、それぞれ毎年定期報告をすることを義務付けています。

1 多量排出事業者に求められる定期報告

多量排出事業者として規制対象となるのは、次に該当する事業者です（法12⑨、12の2⑩）。

- 前年度に産業廃棄物を1,000ｔ以上発生させた事業場を設置している事業者（施行令6の3）
- 前年度に特別管理産業廃棄物を50ｔ以上発生させた事業場を設置している事業者（施行令6の7）

（1）産業廃棄物処理計画等の報告

多量排出事業者は、業種に関係なく、産業廃棄物（特別管理産業廃棄物）に関する下記の内容を記載した処理計画を作成し[184]、当該年度の6月30日までに提出する必要があります（法12⑨、施行規則8の4の5）。

> - ●処理に係る管理体制　　●排出の抑制に関する事項
> - ●分別に関する事項　　　●再生利用に関する事項
> - ●処理の委託に関する事項　等

　また、多量排出事業者は、下記の内容を記載した前記処理計画の実施状況報告書（廃棄物の種類ごとに、実績値を記載する）等を作成し、当該年度の6月30日までに、報告する必要があります（法12⑩、施行規則8の4の6）。

> ●排出量　　●自己再生利用量　　●委託処理量　等

　前記処理計画書および実施状況報告書は、都道府県知事等によって公表されます（法12⑪）。

（2）マニフェスト交付等状況の報告

　産業廃棄物の処理を委託してマニフェストを処分業者らに交付した排出事業者は、事業場ごとに、4月1日から6月30日までに、前年度に交付したマニフェストの交付状況等（産業廃棄物の種類および排出量、マニフェストの交付枚数等）について、報告することが求められます（法12の3⑦、施行規則8の27）。

2　罰則・行政処分

　多量排出事業者が廃棄物処理計画を提出せず、または虚偽の記載をして提出した場合、20万円以下の過料が科される可能性があります（法33（2））。また、廃棄物処理計画の実施状況報告を提出せず、または虚偽の記載をして

---

184 製造業の場合は、事業所ごとに多量排出事業者に該当するかどうかを判断し、事業所ごとに処理計画を作成する。同一敷地の関連会社の事業所と一体として産業廃棄物の処理を行っている場合は、関連会社の事業所の産業廃棄物の処理を含めて計画を作成することができる。建設業の場合は、区域内の作業所単位で多量排出事業者に該当するか判断し、総括管理する支店等ごとにその区域内の処理計画を作成する。

提出した者は、20万円以下の過料が科される可能性があります（法33（3））。

対応のポイント

- 多量の廃棄物を排出する事業者は、産業廃棄物処理計画や計画の実施状況報告書のほか、マニフェスト交付状況の報告書等を毎年提出することが義務付けられることを理解する。
- 提出すべき報告書は複数あり、また提出先も異なることから、適時適切に報告を行うよう注意する。

6 PCB含有製品（コンデンサ等）を使用しているケース（PCB特別措置法）

1 規制概要・規制対象（PCB特別措置法）

PCB廃棄物（ポリ塩化ビフェニル廃棄物）の適正な保管、処分を行うことを求める規制が、PCB特別措置法です。PCB特別措置法は、廃掃法の特別法と位置付けられており[185]、事業活動に伴ってPCB廃棄物を保管している場合には、PCB特別措置法の規制が適用されます。

PCBが付着したり染みこんだりした汚染物等は、その汚染物に含まれているPCBの濃度を実際に測定し、PCB廃棄物に当たるかどうか、該当する

---

185 PCB廃棄物は、廃掃法上の「特別管理一般廃棄物」「特別管理産業廃棄物」に該当する場合がある。「特別管理一般廃棄物」とは、「一般廃棄物のうち、爆発性、毒性、感染性その他の人の健康又は生活環境に係る被害を生ずるおそれがある性状を有するもの」をいい（廃掃法2③、施行令1）、「特別管理産業廃棄物」とは、「産業廃棄物のうち、爆発性、毒性、感染性その他の人の健康又は生活環境に係る被害を生ずるおそれがある性状を有するもの」をいう（廃掃法2⑤、施行令2の4）。PCB廃棄物が特別管理産業廃棄物に該当する場合、特別管理産業廃棄物管理責任者を設置し、事業に伴って排出されたPCB廃棄物（特別管理産業廃棄物）を適切に保管することが求められ、また、処理の際にも政令で定められた基準に従い適切な処理を行うことが求められる（廃掃法12の2⑧、12の2②〜④、12の2①、12の2⑤〜⑦）。

場合、低濃度か高濃度かを判断します。高濃度 PCB 廃棄物と低濃度 PCB 廃棄物で処分期限や処分可能な処分場が異なるため、いずれに当たるかを確認することが必要となります。

2　PCB 廃棄物の処理義務と処理期限
（1）PCB 廃棄物の処理義務
　高濃度 PCB 廃棄物を保管する事業者（PCB 保管事業者）は、高濃度 PCB 廃棄物の種類や保管場所が所在する区域ごとに、処分期間内に、自らまたは業者に委託して適切に処分する必要があります（法 10）。
①高濃度 PCB 廃棄物の地域別処分期間等
　高濃度 PCB 廃棄物の処理期限については、地域ごとに決められていますが、令和 4 年 5 月 31 日に処理の完了時期が実質的に延長されることが公表されました[186]。具体的には、「計画的処理完了期限」の後に設定されていた「事業終了準備期間」（処理事業を終了するための準備期間）の間にも処理を行うことができることとしたものです（図表 48）。

　高濃度 PCB 廃棄物については、中間貯蔵・環境安全事業株式会社（JESCO）の処理場で処理をする必要があります。JESCO に処理を委託する場合にはあらかじめ登録を行う必要がありますが、処理施設の数が極めて限定されているため、委託してから実際に処理が行われるまでにかなりの期間を要することが予想されます。
②低濃度 PCB 廃棄物の処理期限
　低濃度 PCB 廃棄物については、処理期限が令和 9 年 3 月 31 日までとされています（施行令 7）。低濃度 PCB 廃棄物の処分場については、JESCO の処理場に限られず、民間の処理事業者（無害化処理認定施設、都道府県知事等許可施設）で処理することができます。

186　環境省「ポリ塩化ビフェニル廃棄物処理基本計画の変更等について」（令和 4 年 5 月 31 日）《https://www.env.go.jp/press/111145.html》。

図表 48 高濃度 PCB 廃棄物の地域別処分期間等

JESCO の処理施設	高濃度 PCB 廃棄物の種類	事業対象地	計画的処理完了期限	事業終了準備期間
北九州	大型変圧器・コンデンサ等	A 地域	2019 年 3 月末	2022 年 3 月末
	安定器及び汚染物等	A 地域、B 地域、C 地域（大阪 PCB 処理事業所・豊田 PCB 処理事業所における処理対象物を除く）	2022 年 3 月末	2024 年 3 月末
大阪	大型変圧器・コンデンサ等	B 地域	2022 年 3 月末	2025 年 3 月末
	安定器及び汚染物等	B 地域（小型電気機器の一部に限る）	2022 年 3 月末	2025 年 3 月末
豊田	大型変圧器・コンデンサ等	C 地域	2023 年 3 月末	2026 年 3 月末
	安定器及び汚染物等	C 地域（小型電気機器の一部に限る）	2023 年 3 月末	2026 年 3 月末
東京	大型変圧器・コンデンサ等	D 地域	2023 年 3 月末	2026 年 3 月末
	安定器及び汚染物等	D 地域（小型電気機器の一部に限る）	2023 年 3 月末	2026 年 3 月末
北海道	大型変圧器・コンデンサ等	E 地域	2023 年 3 月末	2026 年 3 月末
	安定器及び汚染物等	D 地域、E 地域（東京 PCB 処理事業所における処理対象物を除く）	2024 年 3 月末	2026 年 3 月末

※事業対象地については、以下のとおり。
　A 地域：鳥取県、島根県、岡山県、広島県、山口県、徳島県、香川県、愛媛県、高知県、
　　　　　福岡県、佐賀県、長崎県、熊本県、大分県、宮崎県、鹿児島県、沖縄県
　B 地域：滋賀県、京都府、大阪府、兵庫県、奈良県、和歌山県
　C 地域：岐阜県、静岡県、愛知県、三重県
　D 地域：埼玉県、千葉県、東京都、神奈川県
　E 地域：北海道、青森県、岩手県、宮城県、秋田県、山形県、福島県、茨城県、栃木県、
　　　　　群馬県、新潟県、富山県、石川県、福井県、山梨県、長野県

出典：環境省「ポリ塩化ビフェニル廃棄物処理基本計画」[187] 10 頁を基に作成

187　https://www.env.go.jp/content/000203193.pdf

3 PCB廃棄物に対するその他の規制
(1) 規制概要

PCB保管事業者は、上記の処理義務に加えて、処理までの間、適切にPCB廃棄物を保管することが義務付けられ、第三者に譲渡することも原則として禁止されています（図表49）。

この中で実務上多く問題となるのが、届出、譲渡禁止についてです。

図表49 PCB廃棄物の規制概要

規制	内容	根拠条文
保管等の届出	PCB保管事業者は、毎年度、PCB廃棄物の保管および処分状況の届出を行うことが必要。	8、34（1）（2）、36
	原則として、保管場所の変更はできない（一定の要件の下で変更した場合には10日以内に届出が必要）。	
	無届出・虚偽届出をした者、高濃度PCB廃棄物の保管の場所を変更した者は、6か月以下の懲役または50万円以下の罰金（両罰規定あり）。	
承継	相続、合併または分割（保管するPCB廃棄物に係る事業を承継させるものに限る）があったときは、合併後存続する法人・合併により設立した法人または分割によりその事業を承継した法人は、保管事業者の地位を承継する。	16、35（1）、36
	保管事業者の地位を承継した者は、承継があった日から30日以内に届出をする必要がある。	
	届出をせずまたは虚偽の届出をした者は、30万円以下の罰金（両罰規定あり）。	
譲渡および譲受の制限	PCB廃棄物の譲渡を原則として禁止（保管事業者が確実かつ適正にPCB廃棄物を保管することができなくなったこと、譲受人が当該PCB廃棄物を確実かつ適正に処理する十分な意思と能力を有することを都道府県知事が認めた場合等を除く）。	17、33（2）、36
	PCB廃棄物を譲渡しまたは譲受けた者は、3年以下の懲役若しくは1,000万円以下の罰金（両罰規定あり）、またはこれを併科。	

(2) PCB 廃棄物の届出

その事業活動に伴って PCB 廃棄物を保管する事業者(保管事業者)・PCB 廃棄物の処分をする者(処分事業者)等は、毎年度、高濃度 PCB 廃棄物の保管および処分の状況に関して保管場所その他の環境省令で定める事項を、都道府県知事に届出をする必要があります(法8)[188]。

(3) 譲渡禁止

PCB 使用機器のうち、高濃度 PCB を含有する電気機器は、その使用を継続していたとしても、処分期間が経過しているため廃棄物とみなされ、これを第三者に譲渡等はできないと考えられています。他方で、低濃度 PCB 使用機器は、電炉から取り外した時点で PCB 廃棄物となりますが、廃棄物とならない状態であれば譲渡等は禁止されないものと思われます[189]。

実務上は、土地建物の売買や事業譲渡等において、意識しないままに PCB 廃棄物がその対象に含まれる(可能性がある)場合等に、その取扱いや費用負担について紛争となることも多く、契約上どのように手当てすればよいのかを検討しなければならない場面(表明保証条項や特別補償条項等)も出てきますので注意が必要です[190]。

また、PCB 廃棄物の保管を第三者に委託する場合であっても、保管を委託した者および委託を受けた者双方に、禁止されている譲渡および譲受の行為(法17)に該当するとされており、注意が必要です[191]。

4　条例・指導要綱による規制

他の法令と同様、各自治体において、条例や指導要綱等にて別途の規制が

---

[188] 主な要届出事項等としては、保管場所・所在場所、廃棄物の種類・製品の種類、廃棄物の型式等(定格容量(数値と単位も含む)等)、高濃度 PCB 廃棄物の処分予定年月、量(台数または容器の数・総重量)、区分(高濃度・低濃度・不明)、保管状況(容器の性状等)、処分業者との調整状況(高濃度 PCB 廃棄物についてのみ)等がある(施行規則9)。
[189] 大阪府「PCB 廃棄物の Q&A (FAQ)」Q110 等《https://www.pref.osaka.lg.jp/jigyoshoshido/report/faq_10.html》、後掲注191 も参照。
[190] 前掲第1章注6　406頁。
[191] 環境省・経済産業省「ポリ塩化ビフェニル(PCB)使用製品及び PCB 廃棄物の期限内処理に向けて」(令和5年10月版)《https://www.meti.go.jp/policy/energy_environment/kankyokeiei/pcb/2023_PCBpamphlet.pdf》。

なされている場合があるので、注意が必要です（横浜市ポリ塩化ビフェニル廃棄物適正管理指導要綱等）。

5 罰則・行政処分

PCB特別措置法で規定されている処理義務を履行しない事業者に対しては、行政により、指導・助言や改善命令がなされる場合があるほか（法11、12）、行政による代執行等の措置がなされる可能性があります（法13）。改善命令に違反した場合、3年以下の懲役若しくは1,000万円以下の罰金（両罰規定あり）に処され、または併科される可能性があります（法33（1）、36）。

また、PCB廃棄物の処理義務や保管義務を適切に実施しなかった場合、行政から報告徴収および立入検査等がなされることがあります（法24、25①）。これに対して、報告をせずまたは虚偽の報告をした場合、検査を拒み、妨げ、または忌避した場合は、30万円以下の罰金（両罰規定あり）が科される可能性があります（法35（2）（3）、36）。

対応のポイント

- 自社で管理するPCB含有製品・廃棄物を確認し、法令上求められる手続きをいずれも適切に実施する。特に、処理までの間の届出が必要になるほか、譲渡・保管委託が禁止されていることには注意する。
- 土地建物の売買や事業譲渡等においてPCB廃棄物がその対象に含まれる可能性がある場合等には、その取扱いや費用負担について契約上手当てすること（表明保証条項や特別補償条項等）を検討する。

7 特定プラスチック使用製品の提供・排出等の合理化についての規制（プラスチック資源循環法）

1 規制概要（プラスチック資源循環法）

令和3年6月にプラスチック資源循環法が公布され、令和4年4月1日から施行されました。

プラスチック資源循環法は、①プラスチック使用製品設計指針、②特定プラスチック使用製品（ワンウェイプラスチック）の使用の合理化対策（販売・提供段階）、③排出事業者の排出抑制・再資源化の促進の措置が主な内容となります[192]（図表50）。

図表50　プラスチック資源循環法の概要

ライフサイクル	法での措置事項（概要）	対象	対象者	主務大臣
設計・製造	プラスチック使用製品設計指針	プラスチック使用製品	プラスチック使用製品製造事業者等	経産大臣、事業所管大臣（内閣総理大臣、財務大臣、厚労大臣、農水大臣、経産大臣、国交大臣）
販売・提供	特定プラスチック使用製品の使用の合理化	特定プラスチック使用製品（12品目）	特定プラスチック使用製品提供事業者（小売・サービス事業者等）	経産大臣、事業所管大臣（厚労大臣、農水大臣、経産大臣、国交大臣）
排出・回収・リサイクル	市区町村による分別収集・再商品化	プラスチック使用製品廃棄物	市区町村	経産大臣、環境大臣
	製造・販売事業者等による自主回収・再資源化	自らが製造・販売・提供したプラスチック使用製品	プラスチック使用製品の製造・販売・提供事業者	経産大臣、環境大臣
	排出事業者による排出の抑制・再資源化等	プラスチック使用製品産業廃棄物等	排出事業者	経産大臣、環境大臣　事業所管大臣※（全大臣）

※再資源化事業計画に関する事項を除く

出典：環境省「プラスチック資源循環」[193]

---

[192] 猿倉健司「プラスチック資源循環促進法（2022年4月施行）において排出事業者の盲点となる実務的措置」（BUSINESS LAWYERS・2022年6月28日）《https://www.businesslawyers.jp/practices/1448》。

COLUMN 9

プラスチック資源循環法成立の背景

　プラスチック資源循環法は、サーキュラーエコノミー（循環経済）に向けたものであり、プラスチックに係る資源循環（Reduce、Reuse、Recycleの3Rに加えてRenewable）の促進等を図るため、再商品化および事業者による自主回収・再資源化（リサイクルの特例等）や、プラスチック使用製品廃棄物の排出抑制等の措置を規定するものである。

　プラスチック資源循環法施行の背景としては、海洋プラスチックや地球温暖化など環境問題の深刻化、海外諸国による廃棄物輸入規制強化などがあげられる。特に、海洋プラスチック問題については、SDGsの14番目の目標（「海の豊かさを守ろう」）として、海洋と海洋資源を持続可能な開発に向けて保全し持続可能な形で利用することが課題としてあげられている。

　投資判断に環境・社会・ガバナンスの観点を取り入れるESG投資において、対象事業者がプラスチック資源循環法その他の環境規制に適切に対応しているかどうかについてもESG評価の基準となりうる。

193　https://plastic-circulation.env.go.jp/about/pro

2　規制対象

(1) 対象となるプラスチック

プラスチック資源循環法の対象となるプラスチックは、図表51のとおりです（法2①～④）。

図表51　プラスチック資源循環法の対象

プラスチック使用製品	プラスチックが使用されている製品
使用済プラスチック使用製品	一度使用され、または使用されずに収集され、若しくは廃棄されたプラスチック使用製品であって、放射性物質によって汚染されていないもの
プラスチック使用製品廃棄物	使用済プラスチック使用製品が廃掃法2条1項に規定する廃棄物となったもの
プラスチック副産物	製品の製造、加工、修理または販売その他の事業活動に伴い副次的に得られるプラスチックであって、放射性物質によって汚染されていないもの

商品の販売または役務の提供に付随して消費者に無償で提供されるプラスチック使用製品のうち、事業者に対して使用の合理化等が求められる対象が「特定プラスチック使用製品」として指定されています（法28①、施行令5）。

(2) リサイクルの定義

プラスチック資源循環法では、図表52のとおり、リサイクルについて「再資源化」「再資源化等」「再商品化」を定義しています（法2⑤⑥⑧）。

図表52 プラスチック資源循環法におけるリサイクルの定義

再資源化 (製品リサイクル)	使用済プラスチック使用製品・プラスチック副産物（使用済プラスチック使用製品等）を、部品・原材料その他製品の一部として利用することができる状態にすること
再資源化等 (サーマルリサイクル含むリサイクル)	再資源化、および、使用済プラスチック使用製品等を、熱を得ることに利用することができる状態にすること
再商品化	分別収集物について、製品等の部品・原材料として、または製品としてそのまま利用する者に有償または無償で譲渡し得る状態にすること

8 プラスチック使用製品の販売・提供段階で合理化措置・取組結果の公表が求められるケース（プラスチック資源循環法）

1 販売・提供段階で取り組むべき判断基準の概要

プラスチック資源循環法に基づき、特定プラスチック使用製品の提供事業者（特定プラスチック使用製品提供事業者）が取り組むべき判断基準が以下のとおり定められています（法28）。

> ■判断基準の概要[194]
> a. 提供する特定プラスチック使用製品の使用の合理化に関する目標の設定
> b. 特定プラスチック使用製品の使用の合理化
> c. プラスチック使用製品廃棄物の排出の抑制を促進するための情報の提供（店頭、ウェブサイト、商品への掲示を含む）
> d. 特定プラスチック使用製品の使用の合理化のための体制の整備等（責任者の設置、研修の実施を含む）

---

194 「特定プラスチック使用製品提供事業者の特定プラスチック使用製品の使用の合理化によるプラスチック使用製品廃棄物の排出の抑制に関する判断の基準となるべき事項等を定める省令」（令和4年厚生労働省・農林水産省・経済産業省・国土交通省令第1号）。

e. 安全性等の配慮
  f. 特定プラスチック使用製品の使用の合理化のために実施した取組およびその効果の情報公開等
  g. 関係者との連携（国、地方公共団体、消費者、関係団体および関係事業者との連携）

　対象業種としては、小売業、サービス業、宿泊業、飲食店（テイクアウトのみ、配送サービスも含む）、クリーニング業などがあげられており（施行令5）、フランチャイズ展開をするフランチャイズ本部も対象とされます（図表53）。

図表53　特定プラスチック使用製品と対象業種

対象製品（A）	対象業種（B）
①フォーク ②スプーン ③テーブルナイフ ④マドラー ⑤飲料用ストロー	・各種商品小売業（無店舗のものを含む。） ・飲食料品小売業（野菜・果実小売業、食肉小売業、鮮魚小売業及び酒小売業を除き、無店舗のものを含む。） ・宿泊業 ・飲食店 ・持ち帰り・配達飲食サービス業
⑥ヘアブラシ ⑦くし ⑧かみそり ⑨シャワーキャップ ⑩歯ブラシ	・宿泊業
⑪衣類用ハンガー ⑫衣類用カバー	・各種商品小売業（無店舗のものを含む） ・洗濯業

出典：環境省「プラスチック資源循環」[195] を基に作成

195　https://plastic-circulation.env.go.jp/about/pro/gorika

2　取り組むべき判断基準のポイント

　特定プラスチック使用製品提供事業者が取り組むべき判断基準のうち、特に実務上問題となりうるポイントは以下のとおりです。

（1）判断基準 a．：目標の設定

　特定プラスチック使用製品の使用の合理化の目標については、基準年度および目標年度を設定し、①「特定プラスチック使用製品の提供量」、②「売上高、店舗面積その他の特定プラスチック使用製品の提供量と密接な関係をもつ値」、③「特定プラスチック使用製品の提供に係る原単位」の変化率をそれぞれ設定します[196]。

（2）判断基準 b．：使用の合理化

　特定プラスチック使用製品提供事業者に求められる「特定プラスチック使用製品の使用の合理化」については、「提供方法の工夫」として、以下のような内容が想定されています。

■提供方法の工夫
- 提供する特定プラスチック使用製品を有償で提供する（プラスチック製スプーンなど）
- 特定プラスチック使用製品の提供を辞退した場合に景品等を提供する（ポイント還元等）
- 提供する際に消費者の意思を確認する
- 提供する特定プラスチック使用製品の繰り返し使用を促す

　また、「提供する特定プラスチック使用製品の工夫」としては、以下のような内容が想定されています。

---

[196] 環境省「プラスチック資源循環」「よくあるご質問」《https://plastic-circulation.env.go.jp/etc/faq/1007》。その計算式は以下のとおり。
　「特定プラスチック使用製品の提供に係る原単位」＝「特定プラスチック使用製品の提供量」÷「売上高、店舗面積その他の特定プラスチック使用製品の提供量と密接な関係をもつ値」

> ■提供する特定プラスチック使用製品の工夫
> ●特定プラスチック使用製品の薄肉化・軽量化設計や、部品・原材料を工夫する（再生可能資源、再生プラスチック等）
> ●適切な寸法の特定プラスチック使用製品を提供する
> ●繰り返し使用が可能な製品を提供する

（3）判断基準 f．：提供量・使用合理化の取組結果等の公表

　特定プラスチック使用製品提供事業者には、設定した使用合理化の目標、特定プラスチック使用製品の提供量、使用の合理化のために実施した取組およびその効果について、自社のウェブサイトや、環境報告書、統合報告書などで公表するように努めることが要請されています[197]。

3　罰則・行政処分

　必要に応じて、特定プラスチック使用製品提供事業者に対して指導・助言がなされるほか（法29）、前年度における特定プラスチック使用製品の提供量が5 t以上となる事業者（特定プラスチック使用製品多量提供事業者）に対しては、プラスチック使用製品廃棄物の排出の抑制に関し必要な措置を取るべき旨の勧告、勧告に従わなかった場合の公表、措置命令がなされることがあります（法30①③④、施行令6）。

　特定プラスチック使用製品多量提供事業者が措置命令に違反した場合には、50万円以下の罰金（両罰規定あり）が科される可能性があります（法62、66）。

197　環境省「プラスチック資源循環『よくあるご質問』」《https://plastic-circulation.env.go.jp/etc/faq/1447》。

対応のポイント

- プラスチック使用製品の販売・提供段階において、使用合理化（削減含む）の目標、提供量、実施した施策およびその効果について公表すること、その他の取組が求められることを理解する。
- 特定プラスチック使用製品の提供事業者は、これらにいずれも適切に対応することおよびその方法を検討する。

9 プラスチック使用製品の排出・リサイクル段階で合理化措置・取組結果の公表が求められるケース（プラスチック資源循環法）

1　自主回収・再資源化等の認定制度

　プラスチック使用製品の製造・販売事業者等は、自主回収・再資源化事業の実施に関する計画（自主回収・再資源化事業計画）を作成し、主務大臣の認定を申請することができます（法39①）。認定を受けた自主回収・再資源化事業者等は、廃掃法の許可を受けないで、認定計画に従って使用済プラスチック使用製品の再資源化を業として実施することができます（法41①）。認定を受けた事業者は、毎年6月末日までに、前年度の自主回収・再資源化事業の実施の状況について報告を行う必要があります（施行規則26）（図表54）。

図表54　自主回収・再資源化事業のスキーム〈法39①〉

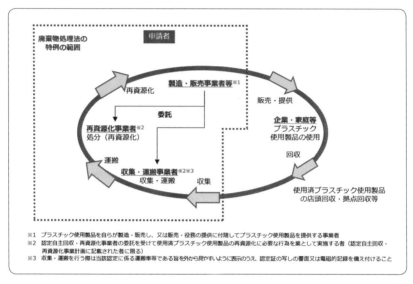

出典：環境省「プラスチック資源循環」[198]

2　排出事業者の排出抑制・再資源化

(1) 排出・回収・リサイクル段階で取り組むべき判断基準

また、排出事業者が、プラスチック使用製品産業廃棄物等の排出抑制・再資源化等を促進するために取り組むべき判断基準が公表されています（法44）[199]。

■判断基準の概要[200]
a.　プラスチック使用製品産業廃棄物等の排出の抑制および再資源化等

198　https://plastic-circulation.env.go.jp/about/pro/recycle
199　令和4年内閣府・デジタル庁・復興庁・総務省・法務省・外務省・財務省・文部科学省・厚生労働省・農林水産省・経済産業省・国土交通省・環境省・防衛省令第1号。
200　「排出事業者のプラスチック使用製品産業廃棄物等の排出の抑制及び再資源化等の促進に関する判断の基準となるべき事項等を定める命令」（令和4年内閣府・デジタル庁・復興庁・総務省・法務省・外務省・財務省・文部科学省・厚生労働省・農林水産省・経済産業省・国土交通省・環境省・防衛省令第1号）。

の実施の原則
b. プラスチック使用製品産業廃棄物等の排出の抑制
c. プラスチック使用製品産業廃棄物等の再資源化等
d. 多量排出事業者（プラスチック使用製品産業廃棄物等を前年度 250 t 以上排出した事業者）の目標の設定および情報の公表等
e. 排出事業者の情報の提供
f. 本部・加盟者におけるプラスチック使用製品産業廃棄物等の排出の抑制および再資源化等の促進
g. 教育訓練
h. 排出の抑制および再資源化等の実施状況の把握および管理体制の整備
i. 関係者との連携

（2）取り組むべき判断基準のポイント

①判断基準 b. ：排出の抑制

排出事業者に求められる排出抑制のための措置としては、以下のような内容が想定されています[201]。

a. プラスチック使用製品の製造、加工または修理の過程について、プラスチック使用製品産業廃棄物等の排出の抑制を促進する
  ● 再生製品など原材料の使用の合理化を行う
  ● 製造工程を工夫するなど、端材の発生を抑制する
  ● 端材や試作品を原材料として使用する
b. 流通または販売の過程において使用するプラスチック製の包装材について、プラスチック使用製品産業廃棄物等の排出の抑制を促進する

---

201 「排出事業者のプラスチック使用製品産業廃棄物等の排出の抑制及び再資源化等の促進に関する判断の基準の手引き（1.0 版）」（令和 4 年 3 月）も参照《https://plastic-circulation.env.go.jp/wp-content/themes/plastic/assets/pdf/tebiki_haisyutu_handan.pdf》。

- ●簡素な包装を推進する
- ●プラスチックに代替する素材を活用する
c. プラスチック使用製品の使用の合理化を行うことによりプラスチック使用製品産業廃棄物等の排出の抑制を促進する
  - ●なるべく長期間使用する
  - ●過剰な使用を抑制する
  - ●部品または原材料の種類を工夫したプラスチック使用製品を使用する

②判断基準 d. :多量排出事業者の目標の設定・情報の公表等

　多量排出事業者は、プラスチック使用製品産業廃棄物等の排出の抑制および再資源化等に関する目標を定め、これを達成するための取組を計画的に行うこと、毎年度、当該年度の前年度におけるプラスチック使用製品産業廃棄物等の排出量、排出抑制目標の達成状況に関する情報をウェブサイト等により公表するよう努めることが要請されています。

③判断基準 e. :排出事業者の情報の提供

　多量排出事業者以外の排出事業者についても、毎年度、当該年度の前年度におけるプラスチック使用製品産業廃棄物等の排出量、排出の抑制および再資源化等の状況に関する情報をウェブサイト等により公表するよう努めることが要請されています。

(3) 罰則・行政処分等がなされるケース

　排出事業者に対し、プラスチック使用製品産業廃棄物等の排出の抑制・再資源化等について必要な指導・助言(法 45)がなされるほか、多量排出事業者に対しては、排出の抑制・再資源化等に関し必要な措置をとるべき旨の勧告、勧告に従わなかった場合の公表、措置命令がなされることがあります(法 46①④⑤)。

　多量排出事業者が措置命令に違反した場合には、50 万円以下の罰金(両罰規定あり)が科される可能性があります(法 62、66)。

対応のポイント

- プラスチック使用製品の排出・回収・リサイクルに関して、その排出段階においても、使用合理化（削減含む）の目標、提供量、実施した施策およびその効果について公表すること、その他の取組が求められる。
- 特定プラスチック使用製品産業廃棄物等の排出事業者は、これらにいずれも適切に対応することおよびその方法を検討する。

10 食品廃棄物等の発生抑制・再生利用・減量の実施、廃棄物発生量の報告が求められるケース（食品リサイクル法）

1　規制概要・規制対象（食品リサイクル法）

　食品廃棄物等の発生抑制と減量化によりこれを減少させるとともに、飼料や肥料等の原材料として再生利用するため、食品関連事業者（製造、流通、外食等）による食品循環資源の再生利用等を促進することを求めるのが食品リサイクル法です。

（1）食品廃棄物等

　食品リサイクル法において、「食品廃棄物等」とは、以下のような廃棄物をいいます（法2②）。

①食品が食用に供された後に、または食用に供されず廃棄されたもの（食品の流通過程や消費段階で生じる売れ残りや食べ残し）
②食品の製造、加工または調理の過程において副次的に得られた物品のうち食用に供することができないもの（食品の製造や調理過程で生じる加工残さ、調理くず）

有償取引がなされるもののように、廃掃法における「廃棄物」であっても対象となり得ます。食品廃棄物等のうち、肥料や飼料などの原料となる有用なものを「食品循環資源」といいます（法2③）。

（2）規制対象となる事業者

規制対象となる以下の事業者を、「食品関連事業者」といいます（法2④）。

> a. 食品の製造・加工を行う事業者
> b. 食品の販売を行う事業者
> c. 飲食店およびホテル・旅館等の食品の提供を行う事業を行う事業者

事業活動にともなって発生する食品廃棄物等の量が年間100ｔ以上となる食品関連事業者を、「食品廃棄物等多量発生事業者」といいます（法9①、施行令4）。

2　食品関連事業者に求められる措置

食品リサイクル法は、食品関連事業者に対し、①食品廃棄物等の発生を抑制すること、②発生してしまった食品廃棄物等については、食品循環資源としての再生利用[202]を求め、また、③再生利用ができない食品循環資源については熱回収[203]を求め、④それでも発生し残ってしまう食品廃棄物等については減量を求めています。

（1）食品循環資源の再生利用等の実施

食品リサイクル法に基づく「食品循環資源の再生利用等の促進に関する基本方針」[204]に、業種別に再生利用等実施率に係る目標が設定されています。

---

[202] 「再生利用」とは、①自ら又は他人に委託して食品循環資源を肥料、飼料その他政令で定める製品の原材料として利用すること、または、②食品循環資源を肥料、飼料その他前号の政令で定める製品の原材料として利用するために譲渡することをいう（法2⑤）。
[203] 「熱回収」とは、①自ら又は他人に委託して食品循環資源を熱を得ることに利用すること、または、②食品循環資源を熱を得ることに利用するために譲渡することをいう（法2⑥）。
[204] 「食品循環資源の再生利用等の促進に関する基本方針」（財務省、厚生労働省、農林水産省、経済産業省、国土交通省、環境省告示第1号）。令和6年3月1日改定・施行。

もっとも、これは食品関連事業者に対して個別に義務づけるものではなく、その業種全体での達成を目指す目標となります。

　令和元年 7 月に公表された基本方針では、令和 6 年度までに業種全体で食品製造業は 95％、食品卸売業は 75％、食品小売業は 60％、外食産業は 50％を達成するよう目標が設定され、令和 6 年 3 月の改定でも引き継がれました（図表 55）。

図表 55　業種別再生利用等実施率にかかる目標

食品製造業	食品卸売業	食品小売業	外食産業
95％	75％	60％	50％

（2）食品廃棄物等の発生抑制の取組

　食品廃棄物等の発生抑制の目標値が設定されている業種については、食品廃棄物等の発生量が目標値以下となるように努力する必要があり、食品廃棄物等の発生抑制に関する目標値（基準発生原単位）が設定されています（「業種別目標値の一覧（目標値設定期間：2024～2028 年度）」[205]）。

3　食品廃棄物等発生量の算定・報告

　事業活動にともなって発生する食品廃棄物等の量が年間 100 t 以上となる食品関連事業者（食品廃棄物等多量発生事業者）は、毎年 6 月末日までに、前年度の食品廃棄物等の発生量、食品循環資源の再生利用等の状況等を報告する必要があります（法 9 ①、施行令 4、食品廃棄物等多量発生事業者の定期の報告に関する省令 1）。

　フランチャイズチェーン事業を行う食品関連事業者が、加盟者と交わした定型的な約款等において加盟者の食品廃棄物等の処理について定めている場合は、加盟者の食品廃棄物等の発生量等を含めて報告する必要があります

205　農林水産省「食品廃棄物等の発生抑制の取組」《https://www.maff.go.jp/j/shokusan/recycle/syokuhin/hassei_yokusei.html》。

（法9②）。

COLUMN 10

登録再生利用事業者・再生利用事業計画認定制度
①登録再生利用事業者制度
　食品廃棄物等の再生利用事業者の育成を図るため、食品循環資源の肥飼料化等を行う事業者について、登録を受け登録再生利用事業者になるという制度がある（法11）。登録再生利用事業者になると、食品関連事業者が運搬等を委託する場合に廃掃法の特例として、荷卸しに係る一般廃棄物の運搬業の許可が不要となるなどの特例が認められる。登録審査の基準としては、再生利用した飼料・肥料等の製造・販売の実績（1年間）からみて、再生利用事業の実施に関し生活環境の保全上支障を及ぼすおそれがないと認められること等が求められる。
②再生利用事業計画認定制度
　食品関連事業者が、再生利用事業計画を作成・認定を受けるという再生利用事業計画の認定制度もある（法19）。食品関連事業者等から排出される食品廃棄物等を再生利用した飼料・肥料を農畜水産物の生産に利用し、生産した農畜水産物を食品関連事業者が改めて販売する等の取組を促す観点から、食品関連事業者と再生利用事業者、農業者等の三者が連携して策定した食品リサイクル・ループの事業計画を主務大臣が認定するものである。再生利用事業計画の認定を受けると、食品関連事業者が運搬等を委託する場合に廃掃法の特例として、荷積み・荷卸しに係る一般廃棄物の運搬業の許可が不要となるなどの特例が認められる。

4 罰則・行政処分

必要があると認めるときは、食品関連事業者に対し、判断基準[206]を勘案して、食品循環資源の再生利用等について必要な指導・助言がなされることがあります（法8）。

食品廃棄物等多量発生事業者が、再生利用等の実施を十分に行わない場合には、必要な措置をとるべき旨の勧告がなされ、勧告に従わない場合にはその旨が公表されることがあります（法10①②）。また、正当な理由なく勧告に従わない場合には、勧告に従うことを命ずる旨の措置命令がなされることがあります（法10③）。命令に違反した場合には50万円以下の罰金（両罰規定あり）に科せられる可能性があります（法27、30）。

さらに、食品廃棄物等多量発生事業者が、食品廃棄物等の発生量等の報告をせず、または虚偽の報告を行った場合は、20万円以下の罰金（両罰規定あり）に科せられる可能性があります（法29（1）、30）。

対応のポイント

- 食品廃棄物等を多量に発生させる事業者においては、排出段階においても、食品廃棄物等の発生抑制・再生利用・減量の実施が求められるほか、発生量を定期報告することが求められることから、自社に求められる措置を確認した上で、いずれも適切に実施する。
- 登録再生利用事業者・再生利用事業計画認定制度の利用を検討することも考えられる。

---

206 「食品循環資源の再生利用等の促進に関する食品関連事業者の判断の基準となるべき事項を定める省令」（平成13年財務省・厚生労働省・農林水産省・経済産業省・国土交通省・環境省令第4号）。

11 容器包装廃棄物の使用合理化・再生利用、使用量の報告が求められるケース(容器包装リサイクル法)

1 規制概要・規制対象(容器包装リサイクル法)

排出される商品の容器や包装を再商品化(リサイクル)することで、廃棄物の減量と資源の有効活用を図ることを目的とするのが、容器包装リサイクル法です。

廃掃法においては、一般廃棄物の処理については市町村が責任を担いますが、本法では、特別に特定の事業者に容器包装廃棄物の再商品化の義務を定めています[207]。

(1) 規制対象となる容器包装

容器包装リサイクル法の対象となる「容器包装」とは、それが有償である場合を含み、容器(商品を入れるもの)、包装(商品を包むもの)のうち、中身商品が費消されたり中身商品と分離されたりした際に不要になるものをいいます(法2①)。ガラス瓶、ペットボトル、紙製容器包装、プラスチック製容器包装などがその対象となりますが、容器自体が価値を持つものやサービスに伴って提供される包装はこれに含まれません。

容器包装のうち、商品の容器として主務省令で定めるものを「特定容器」(法2②、施行規則1、別表1)[208]、容器包装のうち「特定容器」以外のものを「特定包装」(法2③)といいます[209]。

容器包装のうち、一般廃棄物となったものが「容器包装廃棄物」となります(法2④)。産業廃棄物や事業系一般廃棄物となる容器包装等はこれに含まれません(図表56)。

---

[207] 容器包装リサイクル法の問題点および海外における規制システムについては、前掲第1章注33 540頁参照。
[208] 例えば、鋼製缶、アルミニウム缶、ガラス瓶、段ボール箱、紙袋、紙パック、プラスチック皿、プラスチック袋、ペットボトルなどが定められている。
[209] 例えば、商品を包む包装紙、生鮮食品料のトレーやラップフィルム、ペットボトルのラベルなどがあげられる。

図表 56　容器包装リサイクル法が対象とする容器包装廃棄物

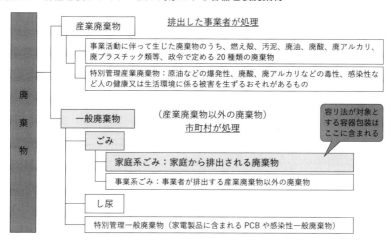

出典：（公財）日本容器包装リサイクル協会「容器包装リサイクル制度について」11 頁

（2）規制対象となる事業者

①特定事業者

　その事業において、特定容器・特定包装を利用・製造等する事業者を「特定事業者」といいます。特定事業者は以下の3つに分類されます（法11③）。

> a. 特定容器利用事業者：販売する商品に特定容器を用いる事業者（特定容器入りの商品を輸入する場合も含む）（法2⑪）
> b. 特定容器製造等事業者：特定容器を製造する事業者（特定容器入りの商品を輸入する場合および特定容器の輸入を含む）（法2⑫）
> c. 特定包装利用事業者：販売する商品に特定包装を用いる事業者（特定包装のついた商品の輸入を含む）（法2⑬）

　ただし、年間売上高が2億4,000万円以下でかつ常時従事する従業員が20名以下の製造業等（商業、サービス業以外）や、年間売上高が7,000万円以下でかつ常時従事する従業員が5名以下の小売業、サービス業、卸売業等は、

規制対象外となります（法2⑪（4）、施行令2〜4）[210]。

②指定容器包装利用事業者

その事業において容器包装を用いる事業者であって、容器包装の過剰な使用の抑制その他の容器包装の使用の合理化を行うことが特に必要な業種として指定された業種を営む事業者を、「指定容器包装利用事業者」といいます（法7の4）。指定業種としては、商品小売業、飲食料品小売業等の9種類の小売業があります（施行令5）。

③容器包装多量利用事業者

指定容器包装利用事業者のうち、当該小売事業において用いた前年度の容器包装の量（自主回収量、事業費消量を控除する前の使用総量）が50ｔ以上の事業者のことを「容器包装多量利用事業者」といいます（法7の6、施行令6）。

2　事業者に求められる措置

（1）容器包装の再商品化

特定事業者は、ガラス製容器、ペットボトル、紙製容器包装、プラスチック製容器包装を利用・製造等する場合には、主務省令の規定によって算定される量（再商品化義務量[211]）の再商品化の義務を負います。再商品化の義務を果たすには、以下の3通りの方法があります[212]。

①特定事業者が自らまたは委託により回収する（自主回収）
②指定法人（（公財）日本容器包装リサイクル協会）に、再商品化を委託する（指定法人ルート）

---

210 環境法規制の対象に関する裾切りの問題点（対象事業者規模と判断時点等）については、前掲第1章注26　534頁。
211 個々の特定事業者が負担すべき再商品化義務量は、容器包装の種類、業種、使用量、製造量等に応じて分別収集された物（特定分別基準適合物）ごとに算定される。
212 指定法人ルートが約7割、独自ルートが約3割とされているが、独自ルートが増加していること及びその問題点については、織朱實「ペットボトルリサイクルをめぐる検討：公正取引委員会ペットボトルリサイクル実態調査報告書を契機として」（『公正取引』No.879、40頁 2024年1月）も参照。

③大臣認定を受けて行う再商品化を行う（大臣認定／独自ルート）
※一定の基準を満たし主務大臣の認定を受けた特定事業者は、自らまたは再商品化事業者に委託して、再商品化を実施することができる。

（2）容器包装の使用合理化への取組

指定容器包装利用事業者は、下記の判断基準[213]に従い、合理化のための取組を行うことが求められます。

①目標の設定（容器包装の使用原単位の低減目標）
②容器包装の使用の合理化（容器包装廃棄物の排出の抑制の促進）
- 消費者に容器包装を有償で提供、容器包装を使用しないように誘引するための景品等を提供、容器包装の使用について消費者の意思を確認
- 薄肉化・軽量化された容器包装の使用、適切な寸法の容器包装の使用、商品の量り売り、簡易包装化の推進

③消費者に対する情報の提供（容器包装廃棄物の排出の抑制を促進するための情報提供）
④体制の整備等（責任者の設置、研修の実施等）
⑤安全性・機能等の配慮
⑥容器包装の使用の合理化の実施状況（容器包装の使用量および実施した取組の効果）の把握
⑦関係者との連携

---

213 「小売業に属する事業を行う者の容器包装の使用の合理化による容器包装廃棄物の排出の抑制の促進に関する判断の基準となるべき事項を定める省令」（平成18年財務省・厚生労働省・農林水産省・経済産業省令第1号）。施行日：令和2年7月1日（令和元年財務省・厚生労働省・農林水産省・経済産業省令第4号による改正）。

COLUMN 11

東京都における廃掃法の運用の合理化[214]

　東京都は、プラスチックの適正な循環的利用の推進を図るため、循環型基本法11条に基づき製造事業者や販売事業者が自らの事業所で使用済み製品等の回収を行う場合は、事業活動の一環とみなし、廃棄物処理業の許可を要しないことを明確にしている。例えば、販売事業者が自ら販売する商品の容器包装を自らの店頭で回収する行為は廃棄物の収集運搬には該当しないものと判断し、回収したものを廃棄物として他者に引き渡す場合には、当該販売事業者が排出する廃棄物となると説明している。また、ポリエステルなどの化学繊維の廃棄物（事業活動から生じるもの。上記の製造・販売事業者が店頭等で回収したものを含む。）については、これまで廃プラスチック類として取り扱ってきたが、古繊維としてリサイクルする事業者が扱う場合には「専ら再生利用の目的となる産業廃棄物のみの収集又は運搬を業として行う者」として産業廃棄物処理業の許可を要さないものと判断すると説明している。その他、再生利用指定制度の積極的活用を図ることを表明している。

3　使用容器包装量等の算定・報告

　容器包装多量利用事業者は、毎年度、前年度に用いた容器包装の量およびその使用原単位等を算出し、6月末日までに、下記の内容を記載した定期報告書を提出することによって報告することが求められます（法7の6）[215]。

214　東京都環境局「プラスチック削減プログラム～プラスチックの持続可能な利用に向けて～」22頁《https://www.kankyo.metro.tokyo.lg.jp/documents/d/kankyo/zeroemission_tokyo-strategy-files-plastic_strategy》。

215　「小売業に属する事業を行う容器包装多量利用事業者の定期の報告に関する事項を定める省令」(平成18年財務省・厚生労働省・農林水産省・経済産業省令第2号)。

■主な報告事項（前年度における次に掲げる事項）
①容器包装を用いた量
　※前年度に用いた「紙製容器包装」「プラスチック製容器包装」「段ボール製容器包装」「その他の容器包装」ごとに報告する
②容器包装廃棄物の排出の抑制を促進させるために取り組んだ措置（容器包装の使用の合理化）の実施状況（前記2（2）参照）
③容器包装を用いた量と密接な関係をもつ値（売上高、店舗面積等）
④容器包装の「使用原単位」[216]
⑤過去5年間の容器包装の使用原単位の変化状況および5年度間平均原単位変化

4　罰則・行政処分

　特定事業者が正当な理由なく再商品化義務を実施しない場合には、再商品化すべき旨の指導・助言、あるいは勧告、公表がなされることがあります（法19、20①②）。さらに、勧告に係る措置を講じなかった場合には、当該措置を講ずべき命令（措置命令）がなされることがあります（法20③）。措置命令に違反した場合には、100万円以下の罰金（両罰規定あり）が科される可能性があります（法46、49）

　また、容器包装多量利用事業者が、使用容器包装量等の報告をせず、または虚偽の報告をした場合には、20万円以下の罰金（両罰規定あり）が科される可能性があります（法48（1）、49）。

　以上のような事態を避けるためには、容器包装を多量に利用する事業者は、法令上自社に求められる各措置や公表等の取組をいずれも確認したうえでこれを適切に行うことが必要となります。

216　「容器包装を用いた量」を「容器包装を用いた量と密接な関係をもつ値（売上高、店舗面積等）」で除して（割って）得た数値。

対応のポイント

- ペットボトル、プラスチック製容器包装の量が多量であるなど一定の事業者においては、容器包装廃棄物等の使用合理化・再生利用や、使用量の報告が求められる。
- 自社に求められる措置を確認した上で、いずれも適切に実施することが必要となる。

VII SDGs・ESG への取組として温室効果ガス削減を行う場面におけるポイントとリスク

SDGs・ESG への取組と独禁法

1　企業による SDGs・ESG への取組

近時においては、地球規模での課題として企業を取り巻く環境の変化も著しく、SDGs（持続可能な開発目標）、ESG（Environment・Social・Governance）への取組が注目されています。

この点に関しては、令和 5 年 6 月に施行された「脱炭素成長型経済構造への円滑な移行の推進に関する法律」（GX 推進法）に基づき、炭素に対する賦課金（化石燃料賦課金）や排出量取引等を内容とするカーボンプライシングの導入、GX 経済移行債の発行が決定されています。また、ここまでで説明してきたとおり、エネルギーの脱炭素化に関連しては、企業活動における温室効果ガスの削減や省エネルギーを目的として、様々な法律によって国や自治体への定期報告が求められます。

ここでは、これまで解説してきた環境法規制に加えて、新たな課題となってきた温室効果ガス削減の取組における独禁法との関係とリスクについて解説します。

2　令和 5 年独禁法ガイドライン（グリーンガイドライン）

令和 5 年 3 月に、公正取引委員会から、「グリーン社会の実現に向けた事業者等の活動に関する独占禁止法上の考え方」が公表され、令和 6 年 4 月 24 日に改訂版（以下、改訂後のものを「グリーンガイドライン」）が公表されました[217,218]。

グリーンガイドラインでは、グリーン社会（環境負荷の低減と経済成長の両立する社会）の実現に向けて、企業や事業者団体が様々な取組（例えば、温室効果ガス削減・エネルギー使用量削減・使用プラスチック削減等に向け

た取組）を行う場合における約80の想定例を取り上げ、独禁法上の問題についての判断枠組みや判断要素を説明しています（以下においては、改訂後のグリーンガイドラインの想定例番号に従い説明します）。

なお、改訂後のグリーンガイドラインでは、「事業者等が、公正取引委員会に対して自らの取組について事前相談等を行うに際して、当該取組がグリーン社会の実現に向けたものであることの根拠や当該取組の競争促進効果としての脱炭素の効果、規制及び制度の変化等について主張する場合…には、公正取引委員会は、これらを踏まえた判断を行う。…一方、独占禁止法に違反する行為については、厳正に対処していく。」（4頁）と説明されています。

2 温室効果ガス削減を目的として取引を拒絶するケース

1 温室効果ガス削減を目的とした取引の拒絶

どの企業とどのような条件で取引するか（取引先の選択）は、基本的には企業の自由です。そのため、価格・品質・サービス等の様々な要因を考慮して、独自の判断で特定の企業と取引しないことも、基本的には独禁法上問題となりません。

例えば、企業が、サプライチェーン全体における温室効果ガス削減を目的として、それに向けた目標達成ができない企業と取引しないことを、独自の判断で決定するなど、合理的な範囲と評価される取引拒絶（ ケース2-39 ）は、独禁法上問題とならないとされています[219,220]。

217　https://www.jftc.go.jp/houdou/pressrelease/2024/apr/240424_green/240424_doc02.pdf。
218　公正取引委員会「『グリーン社会の実現に向けた事業者等の活動に関する独占禁止法上の考え方』（案）に対する意見の概要及びそれに対する考え方」（以下、改訂前のグリーンガイドラインに関するものについて「グリーンガイドライン・パブリックコメント」）《https://www.jftc.go.jp/houdou/pressrelease/2023/mar/220331/bessi4.pdf》参照。
219　グリーンガイドライン想定例54。
220　公正取引委員会「流通・取引慣行に関する独占禁止法上の指針」（平成3年公正取引委員会）第2部第3参照《https://www.jftc.go.jp/dk/guideline/unyoukijun/ryutsutorihiki.html》。

第2章　事業の各場面における環境法規制のポイントとリスク

> **ケース2-39** グリーンガイドライン・想定例54
> ●行政官庁が定める指針により、ある特定のサービスを提供する事業者に対して温室効果ガス排出量を毎年3％削減することが努力義務として定められているが、当該サービスの提供をするにあたり、上記努力義務を履行していない事業者との取引を取りやめる事例

2　取引拒絶が独禁法に違反する場合（単独の拒絶）

　一方で、下記のとおり、（1）独禁法上の違法行為の実効を確保するための手段として取引を拒絶する場合や、（2）競争者を市場から排除するなどの独禁法上不当な目的を達成するための手段として取引を拒絶する場合は、独禁法上問題となることがあります[221]。

（1）独禁法上の違法行為の実効を確保するための手段として取引を拒絶する場合

　企業が、独禁法上違法な行為の実効を確保するための手段として取引を拒絶することは、「不公正な取引方法」に該当し違法となるとされています（法19、2⑨、一般指定②[222]（その他の取引拒絶））[223]。

> **ケース2-40** グリーンガイドライン・想定例56を基に再構成
> ●市場における有力なメーカーが、流通業者に対し、自己の競争者と取引しないようにさせることによって、競争者の取引の機会が減少し、他に代わり得る取引先を容易に見いだすことができなくなるようにするとともに、その実効を確保するため、これに従わない流通

---

[221] 例えば、一定の競争制限効果を有し市場における競争を実質的に制限するものと評価される場合（法3、2⑤⑥）、公正な競争を阻害するおそれがあると評価される場合（法19、2⑨、一般指定②）などは、独禁法上問題となる。
[222] 一般指定：「不公正な取引方法」（昭和57年6月18日公正取引委員会告示第15号）。
[223] 市場における競争が実質的に制限され、私的独占として違法となる場合の考え方については、「排除型私的独占に係る独占禁止法上の指針」（平成21年公正取引委員会）によって、その考え方が明らかにされている。

業者との取引を拒絶

（2）競争者を市場から排除するなどの独禁法上不当な目的を達成するための手段として取引を拒絶する場合

また、市場における有力な企業が、競争者を市場から排除するなどの独禁法上不当な目的を達成するための手段として、ケース2-41 のような行為をし、これによって取引を拒絶される企業の通常の事業活動が困難となるおそれがある場合には、当該行為は不公正な取引方法に該当し、違法となるとされています。

> **ケース2-41** グリーンガイドライン・想定例57を基に再構成
> a. 市場における有力な原材料メーカーが、自己の供給する原材料の一部の品種を完成品メーカーが自ら製造することを阻止するため、当該完成品メーカーに対し従来供給していた主要な原材料の供給を停止
> b. 市場における有力な原材料メーカーが、自己の供給する原材料を用いて完成品を製造する自己と密接な関係にある事業者の競争者を当該完成品の市場から排除するために、当該競争者に対し従来供給していた原材料の供給を停止

独禁法上問題となるか否かについては、以下のような要素を総合的に考慮して判断されます。

- 取引を拒絶される企業の事業活動が困難になるかどうか
- 市場における競争に与える悪影響
- 行為者および競争者の市場における地位
- 行為の期間、行為の態様

行政官庁が定める基準のみならず、上位のサプライチェーン企業が独自に定めた基準を取引先企業に遵守させる行為についても同様であり、当該基準の内容や遵守させる態様等に即して、違法かどうかが個別に判断されます[224]。

3　優越的地位の濫用が問題となる場合

取引拒絶が不公正な取引方法として問題ないとされた場合であっても、それが優越的地位の濫用によりなされる場合には別途独禁法上問題になることがあります。このような場合、「単独の取引拒絶」と「優越的地位の濫用」については、それぞれの観点から違反行為となるかどうかが個別に判断されます[225]。

なお、取引解消を手段として不利益を受け入れさせる場合には、不公正な取引方法として禁止されている「取引の相手方に不利益となるように取引の条件を設定し、若しくは変更し、又は取引を実施すること」（法2⑨（5）ハ）に該当しうるとの指摘もなされています[226]。

> **対応のポイント**
>
> ● 独禁法上の違法行為の実効を確保するための手段として取引を拒絶する場合や、競争者を市場から排除するなどの独禁法上不当な目的を達成するための手段として取引を拒絶する場合には、独禁法上問題となることがあることを理解する。

224　前掲注218　3−6参照。なお、EUの企業サステナビリティ・デューディリジェンス指令（CSDDD）では、適用対象企業に対してデューディリジェンスを実施する義務を課し、その一環として取引先への人権・環境への取組も要請しているが、一定の場合に取引先に対して契約責任を課すことや取引の停止・新規契約の見合わせ等を検討する場面もあることが指摘されている。EU企業との取引を行う企業は、自らとそのサプライヤーについて各種義務が遵守されているかどうかを確認する必要があるが、サプライヤーが同義務を遵守していないことを理由に契約を打ち切ることができるかどうかは、上記同様に問題となる。
225　前掲注218　3−10参照。
226　前掲注218　4−4の意見の概要参照。

3 温室効果ガス削減を目的として流通先を制限するケース

1 温室効果ガス削減を目的とした流通制限(選択的流通)

　企業が、自社の商品を取り扱うための一定の基準を設定し、当該基準を満たす流通業者に限定して商品を取り扱わせることを目的として、流通業者に対し、自社の商品の取扱いを認めた者以外の流通業者への転売を禁止することがあります[227]。

> **ケース2-42** グリーンガイドライン・想定例50を基に再構成
> ●製造業者として、流通業者(卸売業者および小売業者)に対して、排出する温室効果ガスの削減義務を課し、①削減基準を満たすと認められる卸売業者に対してのみ、新たな商品を供給し、また、②卸売業者に対して、同様に削減基準を満たすと認められる小売業者に対してのみ当該商品を販売するよう義務付ける事例

　ケース2-42 においても商品を取り扱うために設定した基準が、品質の保持・適切な使用の確保等、消費者の利益の観点から合理的な理由に基づくものと認められ、かつ、当該商品の取扱いを希望する他の流通業者に対しても同等の基準が適用される場合には、通常、独禁法上問題とならないとされています。温室効果ガス削減についても、これに該当する場合があり、個別事案における事実に即してその該当性が判断されます[228]。

2 選択的流通が独禁法に違反する場合

　選択的流通において、独禁法上問題となるのは、市場における有力な企業による行為が、一定の競争制限効果を有し、市場における競争を実質的に制

227　グリーンガイドライン想定例50、前掲注220　第1部第2の5参照。
228　前掲注220　第1部第2の5、同注218　3-5参照。

限すると評価される場合（法3、2⑤⑥）、公正な競争を阻害するおそれがあると評価される場合（法19、2⑨、一般指定）などです。

具体的には、当該行為の目的の合理性および手段の相当性を勘案しつつ、取引先企業の事業活動に対する制限等から生じる競争制限効果および競争促進効果について総合的に考慮して判断がなされ、行為の態様のほか、次の各要素が総合的に勘案されます。また、競争制限効果および競争促進効果を考慮する際は、各取引段階における潜在的競争者への影響も踏まえる必要があるとされています。

- ブランド間競争の状況（市場集中度、商品特性、製品差別化の程度、流通経路、新規参入の難易性等）
- ブランド内競争の状況（価格のバラツキの状況、当該商品を取り扱っている流通業者等の業態等）
- 当該行為をする企業の市場における地位（市場シェア、順位、ブランド力等）
- 当該行為の対象となる取引先企業の事業活動に及ぼす影響（制限の程度・態様等）
- 当該行為の対象となる取引先企業の数および市場における地位

対応のポイント

- 温室効果ガス削減を目的として流通先を制限する場合、市場における競争を実質的に制限する場合や公正な競争を阻害するおそれがあると独禁法上問題となることがあるため、商品を取り扱うために設定した基準が合理的な理由に基づくものと認められ、かつ、当該商品の取扱いを希望する他の流通業者に対しても同等の基準が適用されるように注意する。

4 温室効果ガス削減を目的として商品仕様の変更、価格据え置きをするケース

1 温室効果ガス削減を目的とした仕様の設定と増加コストの負担

企業が、温室効果ガス削減等を目的として、取引の相手方に対し、当該目的を達成するための取組や、商品・サービスの改良等を要請することが考えられますが、これにより当該取引の相手方において追加的なコストが発生する場合があります[229]。

> **ケース2-43** グリーンガイドライン・想定例71を基に再構成
>
> ● 製造業者に対して、部品の製造過程で排出される温室効果ガスの削減を図るために新たな仕様に基づき納品するよう発注する際に、増加コスト（当該仕様を実現するために、研究開発費の増加や、従前とは異なる原材料等を調達するにあたってのコストが発生）の負担に関して協議することなく、従来と同じ取引価格に据え置く事例

ケース2-43 においても温室効果ガス削減等を目的として商品・サービスの改良等を求めるにあたり、その実施に伴い取引の相手方に生じる追加的なコストを加味した取引価格の見直し、取引価格の再交渉を行い、当該取引の相手方に生じるコストの上昇分を考慮した上で、双方納得のうえで取引価格を設定する場合には、独禁法上問題とはなりません。

2 取引対価の決定が独禁法に違反する場合（優越的地位の濫用）

一方で、取引上の地位が相手方に優越している企業が、取引の相手方に対し、当該相手方に生じるコスト上昇分を考慮することなく、一方的に、著しく低い対価での取引を要請する場合であって、当該取引の相手方が、今後の

---

[229] グリーンガイドライン想定例71、「優越的地位の濫用に関する独占禁止法上の考え方」（平成22年公正取引委員会）第4の3（5）ア参照《https://www.jftc.go.jp/hourei_files/yuuetsutekichii.pdf》。

取引に与える影響等を懸念して当該要請を受け入れざるを得ない場合には、優越的地位の濫用（法2⑨（5））として独禁法上問題となることがあります。

取引の対価の一方的決定は、「取引の相手方に不利益となるように取引の条件を設定…すること」（法2⑨（5）ハ）に該当することになります。同条項は、「受領拒否」「返品」「支払い遅延」および「減額」が優越的地位の濫用につながり得る行為の例示として掲げられていますが、それ以外にも、取引の相手方に不利益を与える様々な行為が含まれると考えられています。

同条項により問題がある行為とされるかどうかの判断にあたっては、以下のような要素が総合的に勘案されます。

- 対価の決定にあたり当該取引の相手方と十分な協議が行われたかどうか等の対価の決定方法
- 他の取引の相手方の対価と比べて差別的であるかどうか
- 当該取引の相手方の仕入価格を下回るものであるかどうか
- 通常の購入価格または販売価格との乖離の状況
- 取引の対象となる商品・サービスの需給関係等

特に、一般に取引の条件等に係る交渉が十分に行われないときには、取引の相手方は、取引の条件等が一方的に決定されたものと評価されることがあります。そのため、取引上優越した地位にある企業は、取引の条件等を取引の相手方に提示する際、当該条件等を提示した理由について、当該取引の相手方へ十分に説明することが望ましいということが指摘されています[230]。

230　公正取引委員会「優越的地位の濫用に関する独占禁止法上の考え方」第4の3（5）参照。

対応のポイント

● 部品の製造過程で排出される温室効果ガスの削減を図るために新たな仕様に基づき納品するよう発注する際に、コストが発生・増加するにもかかわらず、対価の決定にあたって明示的な協議を行わないことは、一方的に価格を据え置く行為として、独禁法上問題となる場合があるため注意が必要である。

5 温室効果ガス削減を目的として自主基準を厳格に運用するケース

1 温室効果ガス削減を目的とした自主基準の設定

　企業等が、温室効果ガス削減を目的として、商品・サービスの種類・品質・規格等に関連して推奨される基準を策定するなど、商品・サービスの供給等の事業活動に係る自主的な基準を定めることが考えられます。また、企業が、業界団体等で策定された基準に適合する商品・サービスを供給または供給を受けることについて認証・認定等を受けることもあります。

　このような自主基準の設定は、規格の統一のように、当該規格を採用した商品の市場の迅速な立ち上げや需要の拡大といった競争促進効果がみられる場合もあり、独禁法上問題なく実施することができる場合も多いと指摘されています[231]。

　例えば、廃棄物の効率的な再利用・処理を行うために、メーカーが共同してまたは業界団体が製品の部品の規格の統一や共通化、製造工程の共通化を図る例（ ケース2-44 ）があります[232]。

231　グリーンガイドライン第1.3（1）、「リサイクル等に係る共同の取組に関する独占禁止法上の指針」（平成13年公正取引委員会）第 2 の 2《https://www.jftc.go.jp/dk/guideline/unyoukijun/risaikuru.html》。

> **ケース2-44** グリーンガイドライン・想定例22を基に再構成
>
> ● 業界団体が定めた温室効果ガス削減のための作業工程の省略に関する自主基準（これに従うかどうかは会員企業の判断にゆだねられる）を踏まえて、会員企業として自らの判断で、ユーザに対して、サービスの提供にあたって一律に一部の作業工程を省略しようとする事例

　効率的なリサイクル等を推進するための部品の規格の統一等は、リサイクル等に要するコストを削減するとともに、一般的にはユーザの利益を不当に害するものとは考えられないことから、メーカーが共同してまたは業界団体において、統一された規格の部品や共通化された部品を使用するよう申し合わせたとしても、特定のメーカーに不当に差別的なものではなく、また、その遵守を強制しないものである限り、製品市場における競争に与える影響は小さく、原則として独禁法上問題ないものと考えられます。

2　自主基準の設定が独禁法に違反する場合

　一方で、自主基準の設定が、競争手段を制限しユーザの利益を不当に害する場合（例えば、自主基準の設定が、温室効果ガスの削減という正当な目的に照らして合理的に必要とされる範囲を超え、自主基準の対象となる商品・サービスに係る競争手段を制限し、ユーザの利益を損なう場合）や、企業間で不当に差別的であるなどの場合には競争制限効果が生じるため、自主基準の内容や実施の方法によっては、独禁法上問題となる場合もありえます（法8）。また、自主規制等の形をとっていても、当該活動により市場における競争を実質的に制限することがあれば、独禁法8（1）の規定に違反する可能性があります。

232　グリーンガイドライン想定例22、「事業者団体の活動に関する独占禁止法上の指針」（平成7年公正取引委員会）第2の7《https://www.jftc.go.jp/dk/guideline/unyoukijun/jigyoshadantai.html》。

自主基準の設定が独禁法上問題となるか否かの検討にあたっては、個別具体的な事案に即して判断が行われます。

　具体的には、競争制限効果の有無および程度を確認し、競争制限効果がない場合は独禁法上問題とはなりません。競争制限効果が認められる場合は、取組の目的の合理性および手段の相当性を勘案しつつ、競争促進効果とあわせて、以下の要素を必要に応じて総合的に考慮して、市場における競争を実質的に制限すると判断される場合、独禁法上問題となります。

- 競争手段を制限しユーザの利益を不当に害するものではないか（法8（4）関連）
- 企業間で不当に差別的なものではないか（法8（3）〜（5）関連）
- 社会公共的な目的等正当な目的に基づいて合理的に必要とされる範囲内のものか

　さらに、自主基準の設定に付随して、価格等の重要な競争手段である事項について制限が行われた場合は、独禁法上問題となります。

対応のポイント

- 自主基準の設定により競争制限効果が生じる場合、自主基準の内容や実施の方法によっては独禁法上問題となる場合があることに注意する。

VIII 事業所・工場を廃止する場面におけるポイントとリスク

1 工場の閉鎖・廃止時に届出その他の手続きが必要となるケース

　工場その他法令上規制される特定施設を閉鎖・廃止時には、各法規制に基づき、各種の届出等の手続きが必要となる場合があります。

1　各法令に基づく届出義務

　工場その他の事業場を閉鎖・廃止する場合に届出義務が課される代表的な規制は図表57のとおりです。

図表57　工場等の廃止・閉鎖時に届出義務が課される法規制の例

法令	規制概要
水濁法	特定施設等使用廃止の届出（特定施設・有害物質貯蔵指定施設の設置者）（法10）
下水道法	特定施設等の使用廃止の届出（特定施設・除害施設の設置者）（法12、12の7）
大防法	使用廃止の届出（ばい煙・粉じん・揮発性有機化合物発生施設の設置者）（法11、17の13②、18の13②）
ダイオキシン類対策特別措置法	使用廃止の届出（特定施設の設置者）（法18）
騒音規制法	使用廃止の届出（特定施設の設置者）（法10）
振動規制法	使用廃止の届出（特定施設の設置者）（法10）
工業用水法	使用廃止の届出（許可井戸の設置者）（法11）
ビル用水法	採取廃止の届出（建築物用地下水の採取者）（法9）

　また、各自治体の条例等で廃止に際して届出が必要とされている場合もあるため、条例等も確認する必要があります。

2 土対法に基づく施設廃止時の調査

　水濁法上の「特定施設」を廃止する場合には、土壌汚染の調査・報告義務が課されています（法3）（詳細は、本章第Ⅱ節❾参照）。

　この調査は、使用が廃止された有害物質使用特定施設に係る工場・事業場の敷地であった土地の全ての区域が対象となりますが、引き続き工場または事業場の敷地として利用されるなど一定の場合には、その旨を申請することで調査の一時免除を受けることができます[233]。ただし、調査義務の一時免除を受けている土地の利用方法を変更する場合には届出が必要になります（法3⑤）。なお、変更後の土地の利用の方法に健康被害が生ずるおそれがあるときは、調査義務の一時免除が取り消されます（法3⑥）。

3 工場用地として賃借していた土地返還時に地下埋設物が発見されるケース、地中杭等を残置するケース

　賃借していた土地の返還後に地下埋設物が発見されるケースについては ケース1-25 で、土地の返還時に地中杭・地下工作物を残置するケースについては ケース1-28 で説明したとおりです（詳細は、第1章第Ⅳ節❷❸参照）。

対応のポイント

● 工場その他法令上規制される特定施設を閉鎖・廃止する場合には、各法規制に基づき、届出その他の必要な手続きが求められる場合があることから、いずれも適切に対応する。

---

[233] 令和2年度の実績では、廃止申請を行ったうち約74.4％が調査の一時免除となっており、一時免除をされずに調査がなされた事案では約半数から土壌汚染が確認されたとのことである（前掲第1章注26　425頁）。

第3章

環境汚染・規制違反予防のための要点

I 環境汚染・規制違反を予防する必要性

　第1章においては、環境汚染や規制に違反した場合のリスクについて説明したうえで、環境汚染が発覚した場合の賠償リスク（取引後の賠償リスク、周辺住民への賠償リスク等）について実例を紹介しました。また、第2章においては、事業を行う各場面で問題となる様々な法規制・条例規制の内容について、行政処分や刑事責任を問われた実例とともに紹介しました。

　このようなリスク、不利益を回避するためには、それが顕在化した段階で事後的に対応するというだけでは不十分であり、あらかじめ予防することによってその発生自体を回避することが重要です。

　各企業においては、すでにコンプライアンス遵守のための体制を設けている場合が多いかと思いますが、それでも環境規制違反を起こしてしまう例は後を絶ちません。そのため、それが実効的に機能する体制となっているかどうかを見極めることが必要です。

　本章では、企業がコンプライアンスを遵守するために必要な体制の見直しについて、「社内マニュアル・ガイドライン」、「法令遵守体制」「内部通報制度」の3つの観点から説明します。

II 社内マニュアル・ガイドラインの見直し

1 現状の社内マニュアル・ガイドラインの弊害と見直し

　各企業では、法令その他の規制違反を起こさないために社内マニュアル・ガイドラインを策定しているものと思われますが、残念ながら、実際には、現場の実態とは乖離しているマニュアルや、現場の従業員がどのように対応してよいかわからなくなってしまうようなマニュアルが数多くみられます。

　マニュアル・ガイドライン等の不備により法令違反が行われてしまう例は極めて多く、これらが十分に機能しない原因として、以下のような点があげられます。

> ①重要なポイントが欠落
> ②不明確・具体性が欠如
> ③内容が重複、相互矛盾
> ④過度に詳細・複雑
> ⑤ルールが過度に硬直・柔軟性が欠如
> ⑥現場の実態からの乖離、最新の規制・法令等からの乖離

（1）重要なポイントが欠落

　まずこのような場合は論外ですが、マニュアルに重要なポイントが欠落しているというケースも少なくありません。

　例えば、どのような環境規制があり、どのような場合に規制違反となるのか、どのように対応すればいいのかについて、まったく書かれていないようなケースがこれに当たります。

　これを防ぐためには、必ずしも網羅的なマニュアルを作成することは必要不可欠ではないものの、一般的な水準を把握したうえで少なくとも重要なポイントについては押さえておく必要があります。

（2）不明確・具体性が欠如

　不明確・具体性がないマニュアルも多く見られます。例えば、「排水規制、化学物質規制に違反しないように注意する」、「問題が発生した場合には適切に対応する」とのみ書かれているなど、具体的な中身がなく、その内容が抽象的だと、実際の業務におけるガイドとはならず、現場で使えるものとはなりません。役職員がそれを読んでも、それらがどのような規制であり、どのような場合に規制違反となるのか、どのように対応すればいいのかを判断できないからです。

　そのため、現場の担当者がどのような点に気を付けたらよいのか、どのように行動すべきなのかの判断の指針になるように、明確かつ具体的な内容とすることが極めて重要です。

（3）内容が重複、相互矛盾

　コンプライアンスに対する意識が高いまじめな企業でよく見られる例です。枝葉のようにどんどんと細かいルールが増殖し、当初のマニュアルを何度も改訂していったために、全体としてみたときに内容が重複している箇所があったり、場合によっては相互に内容が矛盾したりしているように読める箇所が出てきてしまうということもあります。このようなマニュアルは、現場の混乱を招く原因になりかねません。

　そのため、定期的にマニュアル全体の整合性を確認し、必要に応じて整理することが重要です。

（4）過度に詳細・複雑

　詳細なマニュアル自体は有用ですが、それが行き過ぎてしまうと、ボリュームが増えたいへん分厚いものとなる結果、かえってそれが読まれないという事態を招いてしまうこともよくあります。

　これを防ぐためには、定期的な見直しにより適切なボリュームに抑えたり、目次を付ける等して内容構成を整理することのほか、簡易版マニュアルを別途作成する、デジタルデータで検索しやすくする等の工夫も有用です。

（5）ルールが過度に硬直・柔軟性が欠如

　さらにやっかいなのが、ルール内容が過度に硬直で、現場でとるべき対応

等が詳細についてまで事細かく決められてしまっているマニュアルです。ルールにある程度の柔軟性がないと、そこに記載されていない事態が起こった際に適切に対応することができなくなってしまうなど、かえって現場の足を引っ張ることもあります。

　特に、事故対応マニュアルを策定する場合（カスタマーハラスメントやクレームへの対応マニュアルも同様です）には、現場では、常に想定を上回る事態が次々と舞い込んでくることや、思ってもみなかったような事態に突如見舞われることを前提としなければなりません。あらゆる事態をあらかじめ想定し、全てをマニュアルに詳細を盛り込むことは困難であることから、現実的には新たな事案に直面するたびに、その経験を実績として蓄積しながら試行錯誤していかざるをえない面があります。実務上よくみられるのが、事細かに詳細やケースが想定され、都合のよいストーリーで描かれているマニュアルです。しかしながら、現場では、事前に描いたベストなシナリオどおりに事態が進むことは少なく、詳細なマニュアルが存在するがゆえにかえって現場の従業員の手足を縛ってしまうこともあります。硬直的、詳細すぎるものはよくない場合があるのです。

　また、「こうすべきだ」というマニュアルのやりとりから外れると、その後にどう対応すればよいのかわからなくなってしまう、マニュアルを超えた事態に直面すると思考停止に陥ってしまうという弊害が生じてしまいます。そうであれば、理想的な展開を前提とした「こうすべき」マニュアルではなく、致命的な対応を避けるための「こうしてはならない」マニュアルを検討することが有用と思われます[1]。

　（自戒も込めていえば、）現場を肌で実感していない立場の者が作成するマニュアルは、極めて楽観的な「使えない」マニュアルとなりがちであることを常に肝に銘じておかなければならないということです。

1　猿倉健司「クレームへの現場対応・広報対応マニュアルの弊害と現実的対応」（経営法友会会報「経営法友会リポート」No. 590）。

（6）現場の実態からの乖離、最新の規制・法令等からの乖離

　現場の実態や、最新の規制・法令等から乖離したマニュアルは致命的です。第1章第Ⅱ節で述べたとおり、環境法規制においては、法令をはじめとして条例やガイドライン、業界指針がめまぐるしく改正・改定されていることから、ある時点におけるガイドライン・マニュアル等が規制を遵守する内容になっていたとしても、その改訂を適時適切に行っていない場合には、ある日突然、規制違反の責任を問われる事態となります。環境規制が極めて多数であるうえ頻繁に改正されるなかで、これを適時にアップデートしていかないと、現場担当者に対して不適切な対応を推奨していることにもなりかねません。加えていえば、現場の意見を募集するなどして、社内規定・マニュアル等に適切に反映させることも重要です。

　 ケース1-3 [2]では、社内のマニュアル等において、重要事項として物件の特殊事情をどこまで説明すべきかが明確でなかったことが問題であったと指摘されています。

2　早期公表のみを求める広報対応マニュアルの弊害と見直し

　不正が判明した場合には早期に適切に関係者に対して、説明・報告、公表することが求められますが、他方で、単に「とにかく早期に意見表明すべき」というだけの広報対応マニュアルはリスクがあるといわざるをえません。早期に説明等を行う場合には、その時点で判明している事実が限られており、その後の調査によって新たな事実が判明した場合、隠ぺいを疑われたり、場当たり的に弁解を行っているとの印象を与えたりしてしまうおそれがあるためです（詳細は、第1章第Ⅱ節5参照）。

　そこで、危機発生時の広報対応マニュアルでは、早期に公表・説明を行うことの重要性を強調する一方で、早期の公表を行う場合の留意点として、以下の点を明確にマニュアルに記載しておくべきであると考えます。

2　第1章第Ⅱ節参照。土壌汚染が検出された事実を告知せずに地上マンションを売却したケース（大阪・平成17年）。

①その時点における意見表明であること
②ステークホルダーの皆様にご心配をおかけしないために、とにかくまず第一報をお伝えしたということ
③現在、事実確認も含めて調査中である旨を明確に伝える点が重要であること

　もちろんケースによっては、ある程度の事実関係を把握したうえで対策内容までセットにして公表したほうがよい事案もありますので、ケースバイケースの対応が必要であることはいうまでもありません。

ISO14001 等を活用した法令遵守体制の見直し

多くの企業では、法規制登録簿などの適用規制（法令・条例）の一覧表を作成していますが、それにもかかわらず、必要な規制を網羅することができていない、運用が徹底していない、場合によっては意図的に必要な手続きを省略することにより規制に反する対応がなされるというようなケースが散見されます。企業として体制を整えていたとしても、それが形骸化している例は非常に多いといえます。

実際、本章第Ⅱ節で述べたとおり、マニュアル自体に不備があり、それが原因となり法令違反となるケースも少なくありません。特に環境規制については、遵守事項について一覧表を作成しているものの、あまりにもボリュームの多い一覧表であるため利用しづらいケース、規制に対応する部門に手順書があっても、現場では実際は利用していないケースなどがあります。

これを防ぐため、環境マネジメントシステムを導入して法令遵守体制を構築することも有効です。環境マネジメントシステムについては、International Organization for Standardization（国際標準化機構）の規格（ISO 規格）が国際的な基準であり、ISO 14001 などの規格がありますが、「要求事項」と呼ばれる基準が定められています。

ISO などの認証を取得するメリット・効果は、社会的信頼を獲得することや、第三者の視点による問題点の発見、定期的な審査により社内体制を継続的に改善していくことにあります。一度認証を取得すればその後は何もしなくてもいいというものではなく、認証を維持するために毎年審査を受ける必要があります。自社独自の取組も重要ですが、より実効的な法令遵守体制の見直しを行うために、このような認証の取得を積極的に活用することも考えられます。

なお、環境マネジメントシステム（ISO 14001 等）を構築するには、環境管理事項（化学物質、廃棄物、資源など）について、環境上の課題・問題点を把握し、環境・健康への影響評価を実施したうえで、適切に管理することが必要となります。マネジメントシステムは一律に決められるものではなく、企業ごとに、業種や会社の規模、地域や従業員などの様々な要因によって異なります。

　そのため、専門家のアドバイスを踏まえて、自社の状況について、本社、支社、工場ごとに設備・施設や取扱い化学物質、製品、また排水・排気状況などの実態を把握して要求事項を洗い出したうえで、適切に運用がなされるような体制を構築し、PDCA で常に改善していくことが重要です。

Ⅳ 不正早期発見のための内部通報制度の見直し

1 不祥事発見の端緒とその影響

不祥事発見の端緒（きっかけ）が、通報が社外（取引先・競合他社等）からなされた場合や、不祥事を把握した役職員が企業外部へ告発した場合（いわゆる「内部告発」）など、不祥事発見の端緒が企業外部にある場合には、企業は不祥事の発生を外部から知らされることになるため、事実調査やマスコミ対応などの不祥事対応で後手に回ってしまう可能性が高くなります。また、自浄作用が働いていない企業であるという評判が広まれば、企業価値に重大な悪影響が生じます。

例えば、 ケース2-3 [3]では、埋立てに用いられた廃棄物の成分が流れ出し、川が赤く染まったことから出た地域住民の苦情が不正発覚の契機となりました。その他、近時においては、テレビ番組のスクープやネットの掲示板への書き込みで不正が発覚する例も見られます[4]。

これに対し、役員や従業員による内部通報や内部監査部門による監査など不正発覚の契機が企業内部にある場合、企業は早期に不祥事に対応する体制を整えることが可能になります。また、不祥事が社外に明らかになる前に対応を完了できれば、レピュテーションリスクも抑えることができます。加えて、内部通報制度が機能している企業では、不正が早期に発覚してしまうというおそれから、不祥事の発生自体を抑制する効果も期待できます。

2 早期に不正を発見するための方策

企業が早期に不正・不祥事を把握するための方策は、①企業側から積極的

---

[3] 第2章第Ⅰ節参照。廃棄物の不法投棄（埋設）をしたケース（北海道・令和5年）。
[4] 猿倉健司・小坂光矢「不正の早期発見の具体的な方策（内部通報制度等）と実務上のポイント」（BUSINESS LAWYERS・2019年5月8日）《https://business.bengo4.com/practices/1014》。

に不正・不祥事を把握するための方策を講じるものと、②不正・不祥事を把握した従業員等から迅速に報告がなされるような体制を整備するものの2つがあります。

企業側から積極的に不正・不祥事を発見するための方策としては、以下のような方策が指摘されています。

> a. 匿名での社内アンケート
> b. 退職予定の従業員に対するインタビュー
> c. 外部の顧客、取引先等に対するインタビュー・アンケート
> d. 定期的な抜き打ちでの内部監査
> e. 外部の弁護士によるリスク評価・デューディリジェンス

他方、不正・不祥事を把握した従業員等から迅速に報告を受けるための方策としては、内部通報制度等があげられます。

ただし、内部通報制度の構築には課題も多く、制度としてはあるが実際には機能していない例も少なくありません。

以下に、その問題点と見直しの観点について解説します。

3　内部通報制度の現状と問題点

(1) 内部通報制度の信頼性の問題

内部通報制度を実効的に機能させるためには、内部通報制度が従業員から十分に信頼されている必要があります。

しかし残念ながら、大勢としては、現在導入されている内部通報制度が、従業員から十分に信頼されているとは必ずしもいえません。消費者庁の調査[5]によれば、勤務先の不正を知った場合に、最初の通報先として勤務先以外（行政機関、報道機関）を選択すると回答した労働者の割合は、約47％

5　消費者庁「内部通報制度の実効性向上の必要性」（令和元年10月11日）《https://www.caa.go.jp/policies/policy/consumer_system/whisleblower_protection_system/pr/pdf/pr_191018_0003.pdf》。

にも上ります。これにより、相当数の従業員が、自社に導入されている内部通報制度が機能していないと考えていること、また内部通報を行ったために不利益な取扱いを受ける可能性を否定できないと考えていることがわかります。

(2) 内部通報が機能しなかった事例

企業の内部通報制度が機能しなかったケースとして、下記の例などがあげられます。

---

a. 従業員から内部通報が行われ会社トップも問題を把握していたにもかかわらず、社内での本格的な調査の開始が通報から約1年半後になった例
b. 社員がデータ数値の偽装が行われていることを認識していたものの、それが技術的根拠のない改ざんであるとの確信を持てなかったために内部通報を躊躇してしまった例
c. 複数の支店において内部通報が行われていたものの、全社的な実体的調査が行われなかった例

消費者庁が公表した資料でも、内部通報制度が機能しなかった例として数多くのケースがあげられています(図表1)。

図表1 内部通報制度が機能しなかった例

事業者 (不正発覚時期)	発端 (主な通報経路)	不正の概要	対応等
A社 (2007)	匿名 ⇒保健所	賞味期限切の商品を販売 店頭から回収した商品を再利用	JAS法・食品衛生法違反 ⇒行政処分
B社 (2011)	匿名 ⇒ジャーナリスト	巨額の損失を隠し決算を粉飾	金融商品取引法違反 ⇒役員らを逮捕・起訴 (有罪)
C社 (2011)	子会社役員 ⇒親会社	会長が個人的負債補填のために子会社から巨額借入れ	会社法違反(特別背任罪) ⇒役員を逮捕・起訴(有罪)

D 社 (2015)	従業員 ⇒勤務先	免震ゴム（地震の揺れを吸収するため建築材）の性能に係る虚偽の検査成績書を作成	建築基準法違反 ⇒免震材料適合認定取消 不正競争防止法違反 ⇒法人を起訴
E 社 (2015)	匿名 ⇒証取委	不正会計処理（虚偽記載）	金融商品取引法違反 ⇒課徴金納付命令（73億円）
F 財団 (2015)	匿名 ⇒厚労省	国の承認と異なる製法で血液製剤を製造	医薬品医療機器法違反 ⇒業務停止命令（110日間）
G 社 (2016)	下請の従業員 ⇒G 社	空港滑走路地盤改良工事の液状化防止薬液の注入量のデータを改竄し国交省に報告	建設業法違反 ⇒25 日間の営業停止処分
H 社 (2016)	（国交省の指示による調査）	燃費・排ガス試験に係る不正（国の定めと異なる方法で測定）	道路運送車両法違反 ⇒行政指導
I 社 (2016)	（稟議書の不備を上司が指摘）	書類を改竄し、条件を満たさない企業に低利融資	不適切な業務運営 ⇒行政処分（業務改善命令）

出典：消費者庁「内部通報制度の実効性向上の必要性」（令和元年 10 月 11 日）19 頁

4　現状を踏まえた内部通報制度の見直し

　内部通報制度が有効に機能するためには、不正を発見した従業員が、外部告発ではなく内部通報を選択できるような信頼性・実効性の高い内部通報制度を、企業側が整備・運用できているかが、重要なポイントの1つとなります。不正が起こった際に策定される再発防止策として、信頼性・実効性の高い内部通報制度を整備・運用することがあげられる例も多く見られます。

　従業員が心理的抵抗なく不正を報告できるようにするためには、信頼に足る内部通報制度が構築・運用されていることが大前提です。このため、企業には実効的な内部通報制度を整備し、運用することが求められます。加えて、社内リニエンシー制度の導入や、社内窓口のほか会社外部（外部の弁護士等）にも通報窓口を設置するなど複数の通報窓口を設置することが考えられます[6]。

> a. 実効的な内部通報制度の整備・運用
> b. （上記と関連して）社内リニエンシー制度（法令違反行為等に関与した従業員が、当該違反行為を自主的に通報するなど、問題の早期発見・解決に協力した場合に、当該従業員に対する処分を減免することができる仕組み）の導入
> c. （上記と関連して）外部通報窓口（外部の法律事務所等）の設置その他複数の通報窓口の設置

このほか、現状の内部通報制度を見直し、内部通報制度認証を取得するということも考えられます[7]。

各企業の実態に即した実効的な内部通報制度を整備・運用していくためには、コンプライアンス体制の制度設計や不祥事対応に実績のある弁護士等の外部の専門家からアドバイスをもらいながら進めていくことが有益です。

なお、海外に展開している企業においては、グローバルでの内部通報制度[8]を構築することがありますが、その場合には海外の弁護士との連携が必要となることから、専門家の助言は特に重要となるでしょう。

---

[6] 顧問弁護士が外部通報窓口を担当する場合の問題点（通報の受付・調査業務を担当する場合の問題点）や、実効的な内部通報制度を構築・運用するための具体的方策（社内リニエンシー制度の導入等）等については、猿倉健司・小坂光矢「ガイドラインを踏まえた内部通報制度の実践的な見直しのポイント」（BUSINESS LAWYERS・2019年5月8日）《https://business.bengo4.com/practices/1015》参照。

[7] その場合の留意点については、猿倉健司・小坂光矢「内部通報制度認証を得るうえでの具体的な注意点」（BUSINESS LAWYERS・2019年8月6日）《https://business.bengo4.com/practices/1062》も参照。

[8] 猿倉健司・大澤貴史・Gregory Kinaga「海外子会社での不正発見のためのグローバル内部通報の制度設計」（BUSINESS LAWYERS・2021年8月31日）《https://www.businesslawyers.jp/practices/1388》。

■著者紹介

猿倉 健司（さるくら　けんじ）
牛島総合法律事務所パートナー弁護士

2003 年　早稲田大学法学部卒業
2007 年　弁護士登録（第 60 期、第二東京弁護士会所属）、牛島総合法律事務所入所
2019 年　牛島総合法律事務所パートナー就任
　　　　環境法政策学会
　　　　日本 CSR 推進協会　環境部会
　　　　第二東京弁護士会　環境法研究会
　　　　日本コーポレート・ガバナンス・ネットワーク
　　　　Multilaw Real Estate Groups
　　　　Multilaw Litigation Arbitration and Dispute Resolution Groups
　　　　Multilaw Mergers and Acquisitions Team

【主要著作・論文・記事】
- 『不動産取引・M＆A をめぐる環境汚染・廃棄物リスクと法務』（清文社・2021 年 7 月 26 日）
- 『不動産再開発の法務〔第 2 版〕―都市再開発・マンション建替え・工場跡地開発の紛争予防』（共同で執筆、商事法務・2019 年 8 月 7 日）
- 『不動産業・建設業のための改正民法による実務対応―不動産売買・不動産賃貸借・工事請負・設計監理委任―』（共著、清文社・2019 年 5 月 31 日）
- 「行政相談対応の実務的留意点〜リサイクル環境規制を例に〜」（BUSINESS LAWYERS・2024 年 9 月 9 日）
- 「事業会社のビジネス上生じる環境・廃棄物規制対応の盲点〜致命的リスクを回避する、ミスのない規制対応・行政対応〜［全 3 回］」（Business & Law・2024 年 9 月）

- 「SDGs・ESGと独占禁止法 〜温室効果ガス削減取り組みの総括〜」（BUSINESS LAWYERS・2024年7月19日）
- 「近時の環境ESG関連法令の改正」（BUSINESS LAWYERS・2024年6月7日）
- 「環境関連法令・条例の最新動向と実務への影響」（ビジネス法務7月号・2024年5月21日）
- 「環境ESG関連法令・条例と規制内容管理の重要性」（トムソン・ロイター・2024年2月7日）
- 「土地取引における土壌汚染・地中障害物の最新予防法務」（共著、Business Law Journal77号〔2014年8月号〕）
- その他、本書中で引用している論文

サービス・インフォメーション
　　　　　　　　　　　　　　　　　　　　── 通話無料 ──
①商品に関するご照会・お申込みのご依頼
　　　　　　　TEL 0120(203)694／FAX 0120(302)640
②ご住所・ご名義等各種変更のご連絡
　　　　　　　TEL 0120(203)696／FAX 0120(202)974
③請求・お支払いに関するご照会・ご要望
　　　　　　　TEL 0120(203)695／FAX 0120(202)973

●フリーダイヤル（TEL）の受付時間は、土・日・祝日を除く
　9：00～17：30です。
●FAXは24時間受け付けておりますので、あわせてご利用ください。

　　　　　　　　ケーススタディで学ぶ
　　　　　　　環境規制と法的リスクへの対応

2024年11月30日　初版発行

著　者　　猿　倉　健　司

発行者　　田　中　英　弥

発行所　　第一法規株式会社
　　　　　〒107-8560　東京都港区南青山2-11-17
　　　　　ホームページ　https://www.daiichihoki.co.jp/

環境リスク対応　ISBN 978-4-474-09538-0　C2032 (0)